インプレスR&D［NextPublishing］

Future Coders
E-Book / Print Book

ゲームを作りながら楽しく学べる

Python
プログラミング

田中 賢一郎 ｜ 著

Future Coders

ゲームで遊ぶのは楽しいが、
作るのも同じように楽しい。

impress
R&D
An impress
Group Company

JN196554

はじめに

　本書の目的はPythonの基礎を習得することです。Pythonは機械学習など最先端の分野で注目されていますが、プログラミングを学習するための言語としても適しています。

　プログラミング言語は本を読むだけではなかなか身に付きません。"いろいろなソースコードを読んで、いろいろなプログラムを書いてみる"といったプロセスが大切です。

　学校での英語は英文法が中心です。しかし、英文法を学んだだけで英会話ができるようにはなりません。プログラミングも同じです。文法の勉強だけでは実際にプログラムをかけるようにはなりません。なぜでしょうか？　プログラミング言語は様々な用途に使えるように、高度に抽象的されています。それをどのように具体的なコードに落とし込むか理解するためには、実例をたくさん見る必要があるからです。英会話をマスターするためには、ネイティブスピーカーの英語にたくさん触れる必要があるのと同じです。

　そこで、本書では前半でPythonの文法について説明し、後半で多くのサンプルを取り上げました。どのように文法が実装に落とし込まれているか見て欲しかったからです。きっと、「この命令はこのように使うのか！」という気づきがあるはずです。地味な作業ですが、このプロセスを繰り返すことで、徐々にポケットが増えていきます。ポケットが増えれば、作業が効率的に進められるようになります。この段階に到達すれば、あとは加速度的に上達していきます。

　このプロセスを継続するときに大切なのはモチベーションです。楽しくなければものごとは続きません。そこで、本書ではゲームを題材に選びました。ゲームで遊ぶのは楽しいことですが、作るのも同じように楽しいはずです。本書をきっかけとしていろいろなゲームを作ってみてください。きっとPythonが手に馴染んでくると確信します。

　題材となるゲームは初心者でも入力しやすいように短くシンプルであることを心がけました。すべてのゲームは1つのファイルで完結しています。慣れてくれば数時間で入力できるものもあるはずです。本書に掲載しているゲームの多くは、拙著『ゲームを作りながら楽しく学べるHTML5+CSS+JavaScriptプログラミング』に掲載されている内容を移植したものです。本書に収録しているゲームの一部を以下に紹介します。

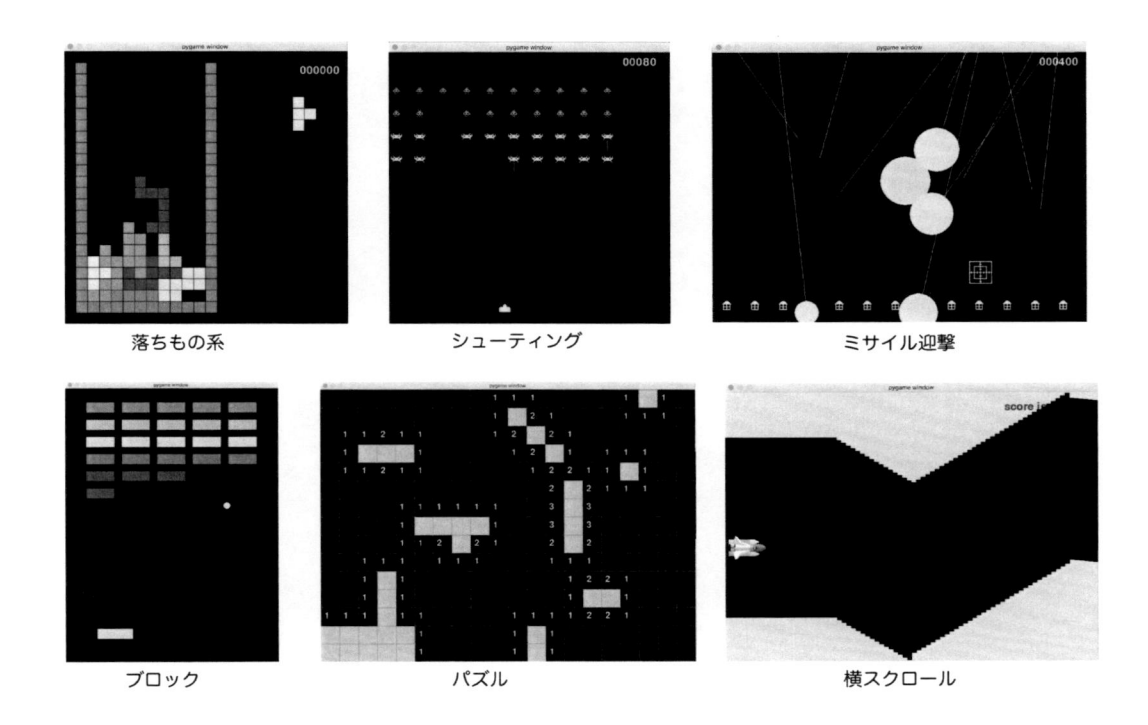

落ちもの系 | シューティング | ミサイル迎撃

ブロック | パズル | 横スクロール

　実は、Pythonを習得しようと入門書を読んだり、オンラインセミナーを受けたりしたのですが、今ひとつ身に付いた実感が持てませんでした。しかし、JavaScriptのゲームをPythonに移植してみたところ、あっという間に手に馴染んでいくことを実感できました。元のJavaScriptもそれほど長いコードではありませんでしたが、移植後のソースコードがさらに短くなったことには驚きを禁じえませんでした。Pythonへの移植作業は、「この処理をこんなに簡単に記述できるんだ！」という発見の連続でした。この「プログラミング言語が手に馴染んでくる」という感覚を、読者の方々にもぜひ味わっていただきたいと思います。

　Pythonはいろいろな用途に利用できます。本書でカバーした範囲はごく一部に過ぎません。しかしながら、Pythonの基本がマスターできていれば、さまざまな道を自分で切り開くことができるはずです。機械学習やデータ分析、Pythonの可能性は無限です。自分の興味のある分野に突き進んでいってください。本書がそんなきっかけになることを切に願っています。

2017年　2月　著者

ダウンロードサービス

本書に掲載したプログラムは以下のURLからダウンロード可能です。実際にコードを動かしてみたいときや、コード全体を確認したいときなどに活用してください。

http://future-coders.net/

なお、このダウンロードサービスはあくまで読者サービスの一環として実施するもので、利用期間を保証できないことをあらかじめご了承ください。

ダウンロードすれば簡単に試すことができますが、時間に余裕のある人は是非自分の手で入力してみてください。おそらく入力してもすぐに動くことはないでしょう。デバッグという修正作業に迫られるはずです。デバッグは苦痛を伴う作業かもしれませんが、その過程で学ぶことは少なくありません。長時間苦しんでようやく原因を特定したときの気持ち、これは経験した人にしかわかりません。そんな経験を積むことでスキルを磨いていってほしいと思います。

目次

1

基礎編

◉

本編ではPythonのインストールの方法に始まり、変数の使い方
や算術演算の方法、リストやタプルなどの基本的なデータ構造、if
文、for文、while文などの制御命令といったPythonの基本文
法について学びます。さらに、PyGameの使い方、デバッグの方
法、三角関数の基礎、オブジェクト指向的な考え方とクラスの使い
方についてもカバーします。次のゲーム編に進むために必要な事
項が網羅されているので、ぜひしっかりとマスターしてください。

第1章　Pythonの紹介

　Pythonは書きやすく、読みやすく、プログラマーの作業効率を高めるようにデザインされたプログラミング言語です。その歴史は古く、1990年代にまで遡ります。今では、WindowsやmacOSはもちろん、LinuxやRaspberry PIなどさまざまなOSに対応しています。熱烈なファンも多く、今後もその人気は高まっていくと予想されます。Pythonは現在、バージョン2から3への移行時期にありますが、両者に完全な互換性はありません。本書ではPython3をベースとしています。

1-1　豊富なライブラリ

　Pythonの大きな特徴に"ライブラリの充実"があります。Pythonはシンプルで簡潔な言語なので文法を覚えるのは割と容易です。ただし、文法を覚えただけではできることは限られます。そこで、目的に応じて必要なライブラリをロードします。ライブラリには、ファイルの読み書きやネットワークアクセスなど標準で用意されているものだけではなく、サードパーティが公開しているものも多数あります。ライブラリの数は膨大で、とても1冊の書籍でカバーできるようなものではありません。有名なライブラリを少し列挙してみましょう。

NumPy	数値計算ライブラリ
SciPy	科学技術計算ライブラリ
PIL	画像処理ライブラリ
Tkinter	GUI（グラフィカルユーザーインタフェース）ライブラリ
Beautiful Soup	HTMLの情報収集（スクレイピング）ライブラリ
PyGame	ゲーム作成用ライブラリ

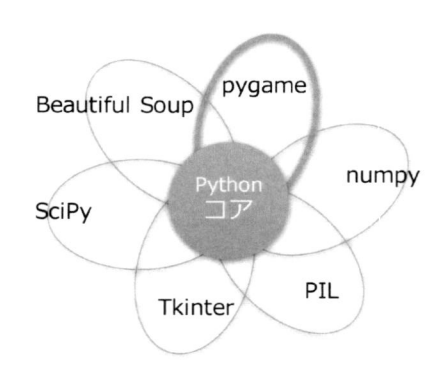

本書では、まずPythonの基本となるコア部分について説明し、その後でゲーム用のライブラリであるPyGameについて説明します。最後に、PyGameを使ってゲームを実装し、その中身を詳しく解説していきます。

1-2　環境設定

　Python3 + PyGameという環境を構築できればOSは問いません。Pythonと関連ツール群は速いスピードで進化しているので、インストール方法は日々変化します。すでにPythonをインストールしているか否か、そのインストール手順がどうだったかによってもインストールの手順は変わってきます。ご自分の現在の設定を鑑み、かつ最新の情報を調べながら、各自Python3 + PyGameをインストールしてください。

■ Windows版

　Windowsでのインストールは簡単です。PythonもしくはAnacondaをインストールしてコマンドプロンプトから「pip install pygame」と実行するだけです。pipはPythonのパッケージ管理ツールです[2]。

[2]　古いpythonの場合、もしくはインストール時にpipを除外した場合、pipコマンドが使えないかもしれません。その際はpipを別途インストールするか新しいpythonを再インストールしてください。

・Anacondaでのインストール

　AnacondaはPython本体に加えて、よく使われるパッケージを一括してインストールできるようにしたものです。これから機械学習や人工知能などを勉強していこうという人にはお勧めです。

　https://www.continuum.io/downloads

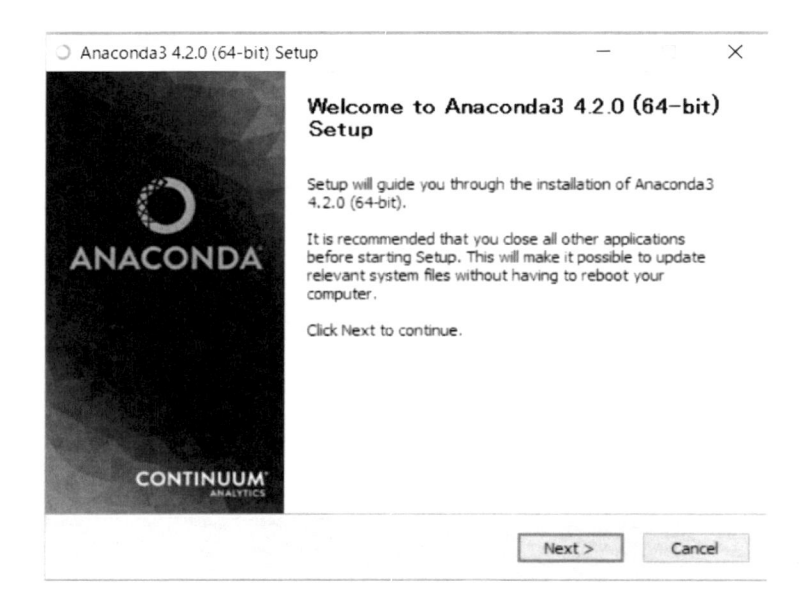

　インストールパスに日本語が含まれているとモジュールによっては不具合が起きる恐れもあるので、インストールフォルダはC:\Anaconda3に変更しました。それ以外は全てデフォルト設定でインストールを行いました。

　Anacondaインストールした後にコマンドプロンプトから「pip insall pygame」と実行します。

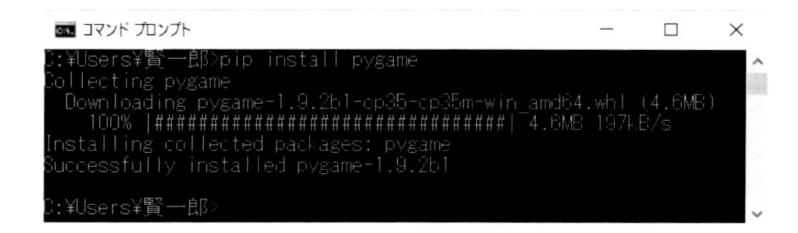

　動作確認をするために、pythonシェルを起動し、「import pygame」と実行します。

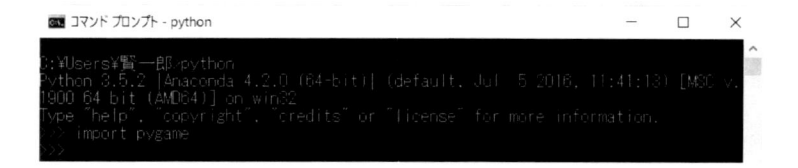

　エラーがなければ準備完了です。コマンドプロンプトで「idle」と入力すればIDLEが起動します。spyderという統合開発環境もインストールされています。

・単体でのインストール

Anacondaを使わずにPython単体のインストールも可能です。以下のサイトからPython3をインストールします。

https://www.python.org/downloads/windows/

　今回はPython 3.5.2をインストールしました。

https://www.python.org/downloads/release/python-352/

　自分のPCに応じて適切なインストーラを選択します。筆者は「Windowsx86-64executableinstaller」を選びました。

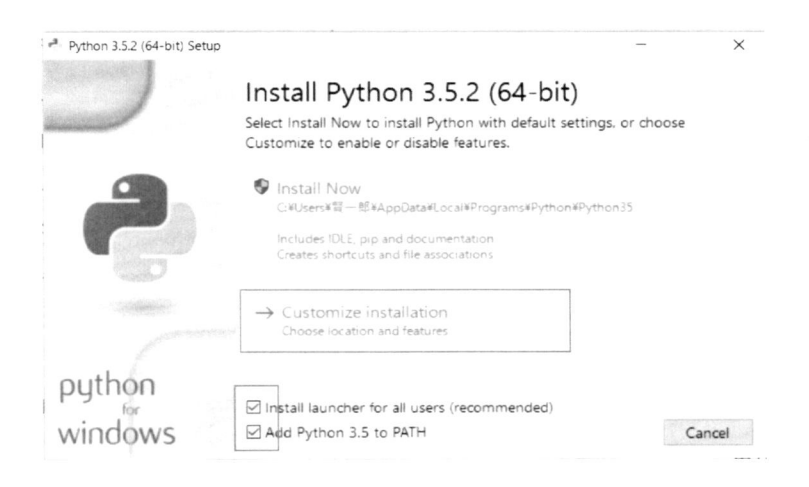

　全てのチェックボックスを選択し、「Customize installation」を選びます。基本的に全ての設定はデフォルトのままで構いません。ただし、インストールするフォルダは「C:\Python35」に変更しました。各自適切なフォルダを設定してください。

　インストールが終了したらPyGameのインストールです。コマンドプロンプトを開いて「pip install pygame」と実行します。

　Pythonシェルを起動して、「import pygame」と実行します。エラーがなければ準備完了です。

```
c:¥Users¥賢一郎>python
Python 3.5.2 (v3.5.2:4def2a2901a5, Jun 25 2016, 22:18:55) [MSC v.1900 64 bit (AMD64)] on win32
Type "help", "copyright", "credits" or "license" for more information.
>>> import pygame
```

「quit()」と入力すればpythonシェルは終了します。IDLEはスタート画面から起動できます。

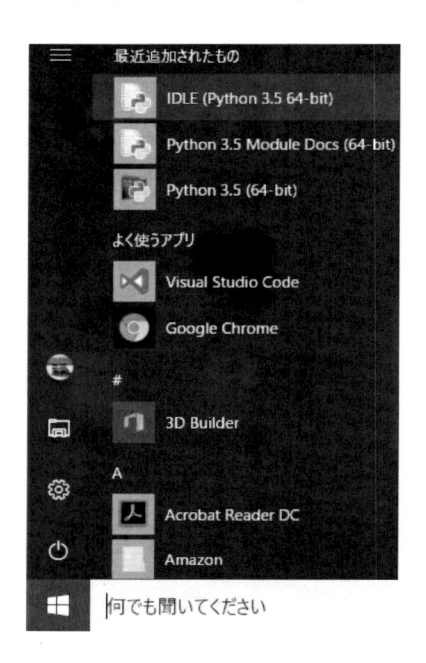

インストールされているPythonのバージョンによっては、「pip install pygame」で適切なパッケージが見つからないことがあります。PyGameのオフィシャルサイト（http://www.pygame.org/download.shtml）にはソースコードとバイナリが用意されていますが、バイナリ版は頻繁に更新されていません。そのような場合は、以下のようなリンクから別途バイナリを探して「pip install pygame-1.9.2a0-cp34-none-win32.whl」のようにインストールしてください。

http://www.lfd.uci.edu/~gohlke/pythonlibs/

インストールする際はPythonのバージョンとアーキテクチャ（32ビット版か64ビット版か）をしっかりと確認するようにしてください。

・サンプルプログラム

いずれかの方法でPyGameをインストールすると、PyGameのサンプルがインストールされていると思います。フォルダの場所はPythonをインストールした場所により異なります。

```
C:\Anaconda3\Lib\site-packages\pygame\examples
C:\Python35\Lib\site-packages\pygame\examples
```

今このフォルダにあるファイルを見ても難しいでしょう。しかし、本書を読み終わってから再度これらのサンプルをみると、その内容がだいぶわかるようになっているはずです。良質なコンテンツがたくさんあるので是非ソースコードを読んでみてください。

■macOS版

macOSにはデフォルトでpython2がインストールされています。今回はpython3を使うことにしたのでインストールが必要となります。いろいろな情報が公開されていることもあり、苦労するかもしれません。参考までに2016年末に筆者が環境を構築した際の手順を以下に列挙します[1]。

※1　http://kidscancode.org/blog/2015/09/pygame_install/ の情報を参照しました。

以下は筆者がmacOS Sierra（10.12）にPython + PyGameの環境をインストールした際の手順です。よりよい方法があるかもしれませんし、よりシンプルな方法が出てくる可能性も高いと思われます。インストール前には最新の情報をチェックしてください。

⑴　Apple StoreからXcodeをダウンロードしてインストールします。
⑵　ターミナルからXcodeのコマンドラインツールをインストールします。

```
xcode-select - install
```

```
Kenichiro:~ kenichirotanaka$ xcode-select --install
xcode-select: note: install requested for command line developer tools
Kenichiro:~ kenichirotanaka$
```

⑶　Homebrew (http://brew.sh) をインストールします（以下のコマンドを1行で）。HomebrewとはmacOSで動作するパッケージ管理ツールです。

```
ruby -e "$(curl -fsSL
https://raw.githubusercontent.com/Homebrew/install/master/install)"
```

```
kenichirotanaka — sudo ‹ ruby -e #!/System/Library/Frameworks/Ruby.framework/Versions/Cur...
Kenichiro:~ kenichirotanaka$ ruby -e "$(curl -fsSL https://raw.githubusercontent.com/Homebre
w/install/master/install)"
==> This script will install:
/usr/local/bin/brew
/usr/local/share/doc/homebrew
/usr/local/share/man/man1/brew.1
/usr/local/share/zsh/site-functions/_brew
/usr/local/etc/bash_completion.d/brew
/usr/local/Homebrew
==> The following existing directories will be made writable by user only:
/usr/local/share/zsh
/usr/local/share/zsh/site-functions

Press RETURN to continue or any other key to abort
==> /usr/bin/sudo /bin/chmod 755 /usr/local/share/zsh /usr/local/share/zsh/site-functions
Password:
```

⑷　画面の指示通りパスワードを入力して、インストールを進めます。

⑸　brewを使用してHomebrew Cask (http://caskroom.io) をインストールします (Home-
brew CaskはHomebrewでdmg形式のパッケージを扱うためのモジュールです)。

```
brew install caskroom/cask/brew-cask
```

```
kenichirotanaka — -bash — 92×7
Kenichiro:~ kenichirotanaka$ brew install caskroom/cask/brew-cask
==> Tapping caskroom/cask
Cloning into '/usr/local/Homebrew/Library/Taps/caskroom/homebrew-cask'...
remote: Counting objects: 3523, done.
remote: Compressing objects: 100% (3507/3507), done.
remote: Total 3523 (delta 31), reused 125 (delta 12), pack-reused 0
Receiving objects: 100% (3523/3523), 1.13 MiB | 0 bytes/s, done.
```

⑹　残りのソフトウエアをインストールして行きます。既にインストール済みモジュールの場
合はalready installedという旨が表示されます。

```
brew cask install xquartz

brew install python3 --with-tcl-tk

brew install homebrew/dupes/tcl-tk

brew install git

brew install sdl sdl_image sdl_ttf portmidi libogg libvorbis

brew install sdl_mixer --with-libvorbis

brew tap homebrew/headonly

brew install smpeg

brew install mercurial
```

```
pip3 install hg+http://bitbucket.org/pygame/pygame
```

・動作確認

python3を起動して、import pygameと入力してエラーが出ないことを確認します。

```
● ● ●                🏠 kenichirotanaka — Python — 72×6
Kenichiro:~ kenichirotanaka$ python3
Python 3.5.2 (default, Nov  1 2016, 15:48:32)
[GCC 4.2.1 Compatible Apple LLVM 8.0.0 (clang-800.0.42.1)] on darwin
Type "help", "copyright", "credits" or "license" for more information.
>>> import pygame
```

ターミナルで「python3」と入力するとインタラクティブな実行環境であるpythonシェルが起動します。バージョン番号はインストール時期に応じて異なりますが、3.xとバージョン3系であることを確認してください。「import pygame」を実行するとPyGameが使えるようになります。なお、pythonシェルを終了するには「quit()」を実行します。

また、Pythonには、シンプルな統合開発環境であるIDLEが付属しています。ターミナルで、idle3を実行するとIDLEが起動することも確認してください。

```
● ● ●             bin — Python ‹ idle3 — 54×5
Kenichiro:bin kenichirotanaka$ idle3
```

■ Raspberry PI版

Raspberry PIとは、ARMプロセッサを搭載したシングルボードコンピュータです。いくつかのハードウェアバージョンが存在しますが、2016年末時点では、RASPBERRY PI 3 MODEL Bが最新です。OSは別途インストールすることになりますが、初心者であれば入門用のソフトウエアがあらかじめインストールされているRaspbianがよいでしょう。Raspbian JESSIEであれば、Python2もPython3もあらかじめインストールされており、PyGameも最初から使える状態になっています。

第2章 データ型とデータ構造

　Pythonを始める準備が整ったところで、さっそくいろいろと試していきましょう。ここではIDLE
を使いながらPythonの基本について学習していきます。実際に手を動かしながら読むと一層効果的で
す。全ての基本となる内容なので、しっかりと把握するようにしてください。

2-1 演算

　IDLEは電卓代わりに使うことができます。2+3を計算してみましょう。

```
Python 3.5.2 Shell
Python 3.5.2 (default, Oct  7 2016, 20:39:03)
[GCC 4.2.1 Compatible Apple LLVM 8.0.0 (clang-800.0.38)] on darwin
Type "copyright", "credits" or "license()" for more information.
>>> 2 + 3
5
>>>
```

　計算結果が次の行に表示されました。

　掛け算と割り算は算数で習ったものとは違う記号を使います。

	算数・数学での記号	Pythonでの記号
加算	+	+
減算	−	−
乗算	×	*（アスタリスク）
除算	÷	/（スラッシュ）

　いろいろな計算を試してみましょう。

```
>>> 2 + 3
5
>>> 7 - 4
3
>>> 7 * 4
28
>>> 7 / 4
1.75
>>>
```

割り切れない時は結果が小数点付きの数になることに注意してください。また、カッコを使って計算の優先順位を指定することもできます。

```
>>> (2 + 3) * 4
20
```

　四則演算以外にも便利な演算子（計算用の記号）が用意されています。

余りを求める（剰余）	%
商を整数で求める	//
べき乗（指数）を求める	**

```
>>> 7 % 4
3
>>> 11 % 3
2
>>> 7 // 4
1
>>> 11 // 3
3
>>> 3 ** 2
9
>>> 3 ** 3
27
>>> 3 ** 4
81
```

7 ÷ 4 = 1・・・3	（7割る4は1、余り3）
11 ÷ 3 = 3・・2	（11割る3は3、余り2）
3 × 3 = 9	（3の2乗は9）
3 × 3 × 3 = 27	（3の3乗は27）
3 × 3 × 3 × 3 = 81	（3の4乗は81）

　Pythonには商と余りを一度に求めるdivmod()という命令も用意されています。

```
>>> divmod(11, 4)
(2, 3)
```

$$11 \div 4 = 2 \ldots 3$$

これらの計算はPythonだけでなく、他のプログラミング言語を学ぶ上でも基礎中の基礎となります。ぜひしっかりとマスターしてください。

　【演習】Python電卓でいろいろな計算をしてください。予想通りの結果が出力されるでしょうか？

2-2　変数

　電卓として使うだけなら、電卓アプリを使った方が便利です。当然ですが、プログラミング言語を使うと電卓以外にもさまざまなことができます。その最初の一歩として変数を使ってみましょう。

　変数とは箱のようなものです。中に好きなものを入れることができます。まずは数字を入れてみましょう。

```
>>> a = 3
>>> b = 5
>>> a + b
8
>>> a * b
15
>>> a / b
0.6
```

　この例では変数aに3を、変数bに5を代入しています。「＝」は代入する命令で、右辺の値を左辺へ代入します。

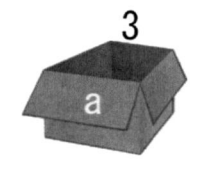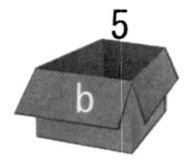

　箱aに3が、箱bに5が代入されています。変数はその実体の代わりに利用することができます。よって、「a + b」を実行すると8が、「a * b」を実行すると15が得られます。

■変数名について

　変数名に使用できる文字は、大小英文字、数字、アンダースコア「_」です。ただし、数字は先頭に来ることはできません。例えば、「a1」は変数名として使えますが、「1a」は変数名とし

て使用できません。また、大文字と小文字は別のものとして区別されることにも注意してください。「a1」と「A1」は別の変数とみなされます。

Pythonで予約されている以下のキーワードも、変数名として使用することはできません。

and, del, from, not, while, as, elif, global, or, with, assert, else, if, pass, yield, break, except, import, print, class, exec, in, raise, continue, finally, is, return, def, for, lambda, try, True, False, None

---

【演習】いろいろな変数に数値を代入して計算してみましょう。わざと不正な変数名を指定してどのようなエラーが出るか確認してみましょう。

2-3 代入の簡易記法

プログラミングでは変数の値を頻繁に更新します。例えば、aの値を1増やす、bの値を3減ずるといった具合です。このような処理は以下のように記述します。

```
>>> a = 4
>>> a = a + 1
>>> a
5
>>> b = 7
>>> b = b - 3
>>> b
4
```

「a = a + 1」という書き方は、数学の方程式としては成立しないため、多少違和感を覚えるかもしれません。プログラミングでは、まず右辺を計算して「＝」で左辺の変数に代入すると解釈します。

上記のように毎回記述してもよいのですが、変数の値に四則演算を行って再び自分自身に代入するといった処理は頻繁に行われるため、よりシンプルな記述方法が用意されています。

```
>>> a = 4
>>> a += 1
>>> a
5
>>> b = 7
>>> b -= 3
>>> b
4
>>> a *= b
>>> a
20
>>> a /= 10
>>> a
2.0
```

+=	自分自身に右辺の値を足して、その結果を自分自身に代入する
-=	自分自身から右辺の値を減じて、その結果を自分自身に代入する
*=	自分自身に右辺の値を掛けて、その結果を自分自身に代入する
/=	自分自身を右辺の値で割って、その結果を自分自身に代入する

【演習】これらの簡易記法を使って計算をしてみましょう。

2-4 関数

　関数とは複数の処理をまとめて抽象化したものです。よくわからないですよね？　具体例を使って説明します。仮に、材料を入力すると、自動で料理をして、加工品を出力してくれる機械があったとします。あなたは何を入れるか知っていればよいだけです。中で何が行われているか知る必要はありません。おそらく複雑な処理が行われていることでしょう。関数はちょうどこの機械のような働きをします。もちろん、実際に入力するものは材料ではなく、何らかのデータになります。

 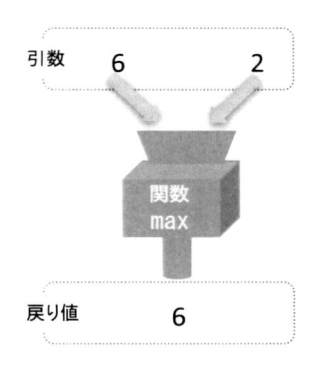

関数に渡すデータのことを「引数」、関数から戻って来る値を「戻り値」と呼びます。関数は自分で作ることもできますが、Pythonが事前に用意している関数も多数存在します。

例えば、ゲームのプログラミングをしていると、「2つの数値から大きい方（もしくは小さい方）の値を取得する」といった処理が必要になることがよくあります。その度に自分でコードを記述するのは効率的ではありません。Pythonにはそんな用途のためにmax()やmin()という関数が用意されています。

```
>>> max(2, 6)
6
>>> max(-4, -8)
-4
>>> max(2.4, 3.14)
3.14
```

max(a, b)	a と b で大きい方の値を返す
min(a, b)	a と b で小さい方の値を返す

max()を使うと、大きい方の値を取得できることがわかります。関数は関数名の後ろに( )を付けることで実行されます。何からの値を関数に入力する場合には、かっこの中に値や変数を記述します。

Pythonは大量の関数を用意しています。ただ、一度に全てを覚える必要はありません。必要に応じて少しずつ覚えていけば大丈夫です。

ちなみに、max(), min()などの命令は特定の要素に関連付けられていません。好きな時に呼び出すことができます。本書ではこのような命令を関数と呼びます。一方、特定の要素（＝オブジェクトと呼びます）に関連付けられている関数をメソッドと呼びます。メソッドは特定の要素がないと呼び出すことができません。関数とメソッドの関係については、後ほど詳しく説明

します。今は「関数にも2種類あるらしい」ということだけを覚えておいてください。

2-5　データ型

ここまでPythonを電卓代わりに使ってきました。もちろん、できることはこれだけではありません。数値以外にもいろいろなデータを扱うことができます。Pythonで扱えるもっとも基本的なデータの種類を以下に列挙します。

整数	小数点がない数値（例：3, 5, -3, 0, -1928, …）
浮動小数点数	少数がある数値（例：1.36, -2.579, 3.3333 …）
文字列	文字の並び（例：hello, こんにちは, …）
ブール値	True（真）、 False（偽）のどちらかを取る値

これらデータの種類のことを「データ型」と呼びます。

■数値

日常生活では小数点の有無を意識することは少ないと思いますが、Pythonはこれらを厳密に区別します。これはtype()関数を使うと良くわかります。type()はデータの型を教えてくれる関数です。引数に数値や変数を与えると、そのデータ型を戻り値として返してくれます。

```
>>> type(6)
<class 'int'>
>>> type(7.8)
<class 'float'>
>>> type(-4)
<class 'int'>
>>> type(-5.723)
<class 'float'>
```

intはinteger（整数）、floatは小数を表すための浮動小数点数のことです。出力結果からもこれらが区別されていることがわかります。6, -4のような整数値を指定するとそのデータは整数型に、7.8, -5.723のような小数点が付いた値を指定するとそのデータは浮動小数点型になります。小数点が付かないキリのよい数値を明示的に浮動小数点にする場合は、3.0, -2.0, 7.0のように「.0」を付与します。

基本的に同じデータ型同士で計算すると、その結果も同じデータ型となります。例えば、1＋2＝3となりますが、1と2が整数型なので3も整数型となります。ただし、割り算の結果は浮動小数点型になります。

```
>>> a = 7
>>> b = 3
>>> c = a + b
>>> type(c)
<class 'int'>
>>> c = a / b
>>> c
2.3333333333333335
>>> type(c)
<class 'float'>
```

　整数と浮動小数点数の計算結果は浮動小数点数となります。

```
>>> a = 7.3
>>> b = 4
>>> c = a + b
>>> c
11.3
>>> type(c)
<class 'float'>
```

【演習】 type()を使っていろいろな数値の型を調べてみましょう。また計算結果も type() で調べてみましょう。

■文字列

　文字列は名前の通り「文字の列」です。文字列を作成する時は、対象となる文字の列を「" "」もしくは、「' '」で囲みます。

```
>>> a = "hello"
>>> b = 'world'
>>> a
'hello'
>>> b
'world'
```

　なぜ、「" "」と「' '」の2種類が用意されているのでしょうか。これは、以下のような文字列を作成する場合を考えるとわかります。

　　He says "Hi, hello! " to me

I'm hungry

仮に、上の文を「" "」で囲ったとします。すると以下のように、文字列の範囲が意図したものと異なってしまいます。

```
"he says "Hi, hello!" to me"
```

文字列の先頭からHiの前までが1つの文字列と解釈されてしまい、Hiからはそれに引き続く命令とみなされてしまいます。Hi, …という命令はないので、エラーになってしまいます。同様に「I'm hungry」という文を「' '」で囲っても同じ状況に陥ります。

実際に確認してみましょう。

```
>>> a = 'he says "Hi, hello!" to me'
>>> a
'he says "Hi, hello!" to me'
>>> a = "He says "Hi, hello!" to me"
SyntaxError: invalid syntax
>>> b = "I'm hungry"
>>> b
"I'm hungry"
>>> b = 'I'm hungry'
SyntaxError: invalid syntax
```

SyntaxErrorとは文法エラーのことで、命令が正しい文法に従っていないことを意味します。つまり、対象となる文字の中に「"」や「'」があった場合でも簡単に文字列を作れるように、2種類の記法が用意されているのです。

■ブール値

プログラムは、なんらかの条件が成立したか否かで処理を変えながら実行を行います。

条件：ユーザーが上キーを押下した？
　　　→キャラクタを一コマ進める。
条件：画面上がクリックされた？
　　　→その位置にあるタイルを裏返す。
条件：敵と衝突した？
　　　→ゲームオーバーにする。

「〜した？」の前の部分が条件に該当します。特にゲームは状況によって異なる処理を行う必要があるため条件を多用します。条件が成立したか否か、これを表すのがブール値です。取り得る値はTrue（成立）かFalse（不成立）のどちらかです。

2-6　キャスト

今まで、整数、少数、文字列、ブールといったデータ型があることを見てきました。あるデータ型を別のデータ型に変換することを「キャスト」と呼びます。

■整数への変換

浮動小数点型の値やブール値、文字列を整数へ変換する場合はint()関数を使います。

```
>>> int(2.6)
2
>>> int("-5")
-5
>>> int(True)
1
>>> int(False)
0
>>> int("hello")
Traceback (most recent call last):
  File "<pyshell#131>", line 1, in <module>
    int("hello")
ValueError: invalid literal for int() with base 10: 'hello'
```

小数は小数点以下が切り捨てられます。上の例でも2.6は2になっていることがわかります。文字列はその数値の値となります。整数以外の文字列が指定された場合はエラーになります。上の例では「-5」という文字列は-5に変換されていますが、「hello」という文字列は変換できずエラーになっています。また、Trueは1に、Falseは0に変換されます。

■浮動小数点数への変換

整数やブール値、文字列を浮動小数点数へ変換する場合はfloat()関数を使います。

```
>>> float(3)
3.0
>>> float("-2.58")
-2.58
>>> float(True)
1.0
>>> float(False)
0.0
>>> float("hello")
Traceback (most recent call last):
  File "<pyshell#136>", line 1, in <module>
    float("hello")
ValueError: could not convert string to float: 'hello'
```

　整数はそのまま小数点数に変換されます。小数点を示す文字列はその値に変換されます。浮動小数点に変換できない文字列の場合はエラーとなります。また、True は 1.0 に、False は 0.0 に変換されます。

■文字列への変換

　数値やブール値を文字列へ変換する場合は str() 関数を使います。

```
>>> str(7)
'7'
>>> str(0)
'0'
>>> str(-1.57)
'-1.57'
>>> str(0.0)
'0.0'
>>> str(True)
'True'
>>> str(False)
'False'
```

　全ての変換結果が「' '」で囲まれており、文字列に変換されていることがわかります。

■ブール値への変換

　数値や文字列をブール値へ変換する場合は bool() 関数を使います。

```
>>> bool(3)
True
>>> bool(0)
False
>>> bool(-1.4)
True
>>> bool(0.0)
False
>>> bool('')
False
>>> bool('hello')
True
```

　0や0.0、空文字列はFalseになりますが、それ以外の値は全てTrueとなります。

【演習】いろいろなデータを作成し、それらの型を変換してみましょう。

2-7　リスト、タプル、辞書

　リスト、タプル、辞書はPythonを使う上で鍵となるデータ構造です[3]。先ほど学習した文字列や整数などは全ての基本となるデータ型です。これらを組み合わせることで複雑なデータを表現できるようになります。仮に、整数や文字列といったデータ型を原子に例えると、リストやタプルは分子のようなものと考えるとよいかもしれません。

※3　集合というデータ構造もありますが、今回のゲームでは利用しなかったため説明を省略しました。興味のある人は調べてみてください。

・リスト

　0個以上の要素を持つシーケンス（並び）です。要素を追加削除したり、要素を書き換えたりすることができます。[ ]で要素を囲むことで作成します。

・タプル

　0個以上の要素を持つシーケンス（並び）です。リストと異なり、一旦作成したら変更することはできません。( )で要素を囲むことで作成します。

・辞書

　例えば、英和辞書で「apple」という単語を調べたとします。「りんご」と書いてあるはずです。Pythonの辞書も同等の機能を提供します。調べる単語を「キー」、その値を「バリュー」と呼びます。{ }でキーとバリューを指定して作成します。

リストとタプルは、一般的なプログラミング言語において「配列」と呼ばれるデータ構造を提供するもので、両者はとてもよく似ています。本書でも「配列」という用語を使用しますが、リストもしくはタプルのことだと思ってください。

リストとタプルが決定的に異なるのは、リストは途中で値を変更できますが、タプルは変更できないということです。変更できることをミュータブル（mutable）、変更できないことをイミュータブル（immutable）と呼びます。よく出てくるキーワードなので覚えておきましょう。

　今までの例では変数に1つの値しか格納していませんでした。リストやタプルでは、複数の値を並べて、1つの変数に格納することができます。簡単な例を示しましょう。

　仮に、数学（math）、英語（English）、化学（chemistry）、科学（science）の4教科のテストを受けて、その平均点を算出する状況を考えてみます。各テストの結果を個別の変数で扱うと、コードは以下のようになります。

```
>>> math = 78
>>> english = 95
>>> chemistry = 68
>>> science = 62
>>> total = math + english + chemistry + science
>>> average = total / 4
>>> average
75.75
```

　教科が4つ程度であれば問題ありませんが、15教科や20教科に増えてしまうと収拾がつかなくなります。そこで、同じようなデータをまとめ、順番をつけて管理できるように、「タプル」を利用します。タプルを使って上の例を書き換えると以下のようになります。

```
>>> subject = (78, 95, 68, 62)
>>> total = subject[0] + subject[1] + subject[2] + subject[3]
>>> average = total / 4
>>> average
75.75
```

　科目毎の点数を並べてタプルを作り、それをsubjectという変数に代入しています。個々の値にアクセスする場合は、変数の後ろに「[番号]」を付けます。この番号は0から始まることに注意してください。以下の図のようなイメージです。

subject[0]　　subject[1]　　　subject[2]　　subject[3]

(78,　　95,　　68,　　62)

subject

　リストやタプルの本当の威力は、for文やwhile文などの繰り返し処理と組み合わせた時に発揮されるのですが、現段階では「リストやタプルを使うと見た目がすっきりするなぁ…」程度の印象を持ってもらえれば充分です。

　今回の例ではカンマ区切りの要素を( )で囲うことでタプルを作成しました。この部分を[ ]に置き換えても同じ結果が得られます。

```
>>> subject = [78, 95, 68, 62]
>>> total = subject[0] + subject[1] + subject[2] + subject[3]
>>> average = total / 4
>>> average
75.75
```

　実は、( )で作成したのがタプル、[ ]で作成したのがリストです。どちらも同じように利用できます。途中で値を変えられるのがリスト、変えられないのがタプルです。
実行中に要素を追加したり（後から音楽の点数も配列に追加）、要素の値を修正したり（数学を78点から82点に修正）といったことができるのはリストだけです。タプルは生成後に値を変更することはできません。

　例えば、数学の採点が間違っていたとします。

```
subject = [78, 95, 68, 62]
```

と宣言した場合、

```
subject [0] = 82
```

のようにすれば、数学の点数を78点から82点に修正できます。

```
>>> subject = [78, 95, 68, 62]
>>> subject[0] = 82
>>> subject
[82, 95, 68, 62]
```

　しかしながら、

```
 subject = (78, 95, 68, 62)
```

と宣言した場合は、

```
 subject[0] = 82
```

と変更することはできません。エラーが起きます。

```
>>> subject = (78, 95, 68, 62)
>>> subject[0] = 82
Traceback (most recent call last):
  File "<pyshell#197>", line 1, in <module>
    subject[0] = 82
TypeError: 'tuple' object does not support item assignment
```

　リストはタプルの持つ機能を有する上に、さらに値を変更できます。明らかにリストの方が高い柔軟性を有しています。「リストがあるなら、タプルはいらないのでは？」と疑問を持たれる方がいるかもしれません。

　この世の常で、便利な事には代償がつきものです。高級レストランでは美味しい食事が食べられますが、お財布へのダメージも大きくなります。安い外食チェーンや自炊で充分なケースも少なくないでしょう。リストとタプルの関係もこれと同じです。タプルはできることが限られる分、消費するメモリも少なくて済みます。誤って値を書き換えてしまう心配もありません。大切なのは、それぞれの特徴を理解した上で、状況に応じて使い分けられるようになることです。

それでは、個々のデータ構造についてより詳しく見ていきましょう。

■リスト

リストは0個以上の要素をカンマで区切り、全体を[ ]で囲って作成します。含まれる要素は数値でも文字列でもなんでも構いません。

```
>>> weekdays = ["Monday", "Tuesday", "Wednesday", "Thursday", "Friday"]
>>> scores = [98, 68, 72, 59, 89, 48, 39, 85]
>>> animals = ["horse", "rabbit", "lion", "elephant", "mouse"]
```

値を参照する場合は、変数名の後ろに[番号]を付与します。値を更新することも可能です。

```
>>> scores[1]
68
>>> scores[1] = 77
>>> scores
[98, 77, 72, 59, 89, 48, 39, 85]
>>>
```

appendメソッドを使うと、リストの末尾に要素を追加することができます（メソッドについては後述します）。

```
>>> weekdays.append("Saturday")
>>> weekdays
['Monday', 'Tuesday', 'Wednesday', 'Thursday', 'Friday', 'Saturday']
```

insertメソッドを使うと、指定した場所に要素を追加することができます。

```
>>> animals.insert(3, "Rhino")
>>> animals
['horse', 'rabbit', 'lion', 'Rhino', 'elephant', 'mouse']
```

リストanimalsの3番目（番号は0から始まるので実質的には4番目）に新しい要素「Rhino」が挿入されていることがわかります。

del命令を使うと、リストの特定の要素を削除することができます。

```
>>> del animals[2]
>>> animals
['horse', 'rabbit', 'Rhino', 'elephant', 'mouse']
```

リスト animals の2番目（0から始まるので実質的には3番目）の要素は「lion」でした。その「lion」が削除され、リストの長さが1つ短くなっていることがわかります。

ここで、append や insert と del の間に大きな違いがあることに気づいたでしょうか？　詳しくはクラスの章で説明するので、ここでは簡単に触れるだけにしておきます。

append も insert も、挿入する対象となるリスト変数の後ろに処理内容を記述していました。「weekdays.append(…)」、「animals.insert(…)」のように記述すれば、「どのリストに対して操作を行うか」が明確になります。このように操作対象と関連付けられている関数を「メソッド」と呼びます。

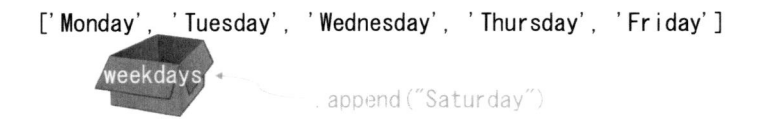

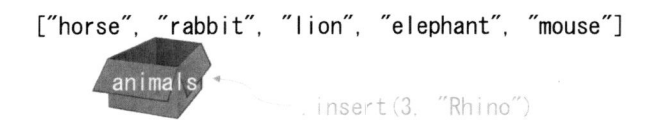

一方、del は Python がもともと用意している命令です。削除する対象を引数として引き渡します。

一貫性を求めるのであれば、「animals.del(2)」のように記述したくなるかもしれませんが、そうはなっていません。del で削除する対象はリストだけではないためです。現段階では明確に理解できなくても心配は要りません。ただ、追加の append と削除の del は命令の使い方が異なるという点だけを押さえておいてください。

ちなみに、del 文の代わりに pop メソッド使用しても要素を削除できます。引数には要素の番号を指定します。例えば、animals の2番目の要素を削除するには「animals.pop(2)」のように記述します。pop は対象となるリストを明示するので、append や insert と同じメソッドです。

■タプル

　タプルを作成する時は要素をカンマ区切りで記述し、全体を ( ) で囲みます（実際には ( ) で囲まなくても、カンマで区切られていればタプルになりますが、タプルであることを明示するために本書では ( ) で囲むようにしています）。値を参照する時は変数名の後ろに「[番号]」を付与します。タプルは書き換えることができないリストだと考えてください。よって、insert、append、del といった操作は行えません。

```
>>> weekdays = ("Monday", "Tuesday", "Wednesday")
>>> weekdays[2]
'Wednesday'
>>> weekdays.append("Thursday")
Traceback (most recent call last):
  File "<pyshell#238>", line 1, in <module>
    weekdays.append("Thursday")
AttributeError: 'tuple' object has no attribute 'append'
```

　ゲームでは位置情報（X座標の値、Y座標の値）を頻繁に扱います。座標はXとYがペアとなってはじめて意味をなすものなので、XとYを個別の変数に格納するよりも、まとめて管理したほうが便利です。そんな場合にはタプルが適しています。

```
>>> pos = (56, 74)
>>> pos
(56, 74)
>>> pos[0]
56
>>> pos[1]
74
```

　このように複数の値をまとめて1つの変数で管理できます。逆に1つのタプルを複数の変数に代入することも可能です。このような処理を「アンパック」と呼ぶことがあります。

```
>>> pos = (56, 74)
>>> pos_x, pos_y = pos
>>> pos_x
56
>>> pos_y
74
```

　これを応用すると1つの命令で変数の値を入れ替えることが可能になります。

```
>>> x = 3
>>> y = 6
>>> (x, y) = (y, x)
>>> x
6
>>> y
3
```

「タプルは値が変えられない（イミュータブル）と言ったのに、上の例では値が入れ替わっているじゃないか！」と思われたかもしれません。この例では、xとyを入れ替えて新しいタプルを作り、それをアンパックして変数xとyに代入しているだけです。タプルの値を変化させているわけではないことに注意してください。

■辞書

文字通り辞書と同じ機能を提供するデータ構造です。「ハッシュテーブル」、「キー・バリューペア」と呼ばれることもあります。教科別の得点を管理する辞書を作ってみましょう。

```
>>> score = {
        "math" : 78,
        "english" : 95,
        "chemistry" : 68,
        "science" : 62,
}
>>> score
{'chemistry': 68, 'math': 78, 'english': 95, 'science': 62}
>>> score["english"]
95
>>> score["math"] = 82
>>> score
{'chemistry': 68, 'math': 82, 'english': 95, 'science': 62}
```

キーの値を""で囲み、その値を「：」の後ろに記述します。キーと値は任意のデータ型ですが、シンプルな辞書では多くの場合、キーに文字列が使用されます。複数のキーがある場合は、カンマで区切ります。値（バリュー）を参照する場合は、リストやタプルと同様に、変数の後ろに[ ]を付与します。ただし、辞書に格納されるデータには順番はないので、[ ]の中には番号ではなく、キーを指定します。

ここまでの内容を整理して以下の表に示します。

	リスト	タプル	辞書
作成方法	[ ] 角カッコ	( ) 丸カッコ	{ } 波カッコ
データ構造	シーケンス（並び）	シーケンス（並び）	辞書

アクセス方法	変数[番号]	変数[番号]	変数[キー]
特徴	ミュータブル	イミュータブル	順序はなし

■リストのリスト

　ここまでの例では、数値や文字列をデータとして格納してきましたが、データとして格納できるのは文字列や数値だけではありません。リストやタプル自身を要素として格納することもできます。つまり、リストのリスト、タプルのリスト…といった具合です。

　ピンとこないと思いますので、例を見てみましょう。

```
>>> animals = ("Horse", "Lion", "Elephant")
>>> scores = (35, 87, 63)
>>> data = (animals, scores)
>>> data
(('Horse', 'Lion', 'Elephant'), (35, 87, 63))
```

　animalsとscoresはタプルです。これら2つの変数を要素とする新しいタプルdataを作っています。イメージにすると以下のようになります。

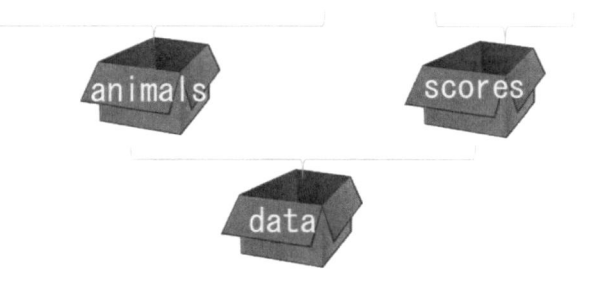

　リストやタプルでは、[番号]を指定することで個々の要素にアクセスできます。例えばdata[0]はanimalsで、animals[1]は'Lion'です。ここで、animals[1]のanimalsをdata[0]で置き換えるとdata[0][1]となりますが、この書き方でも'Lion'にアクセスできます。

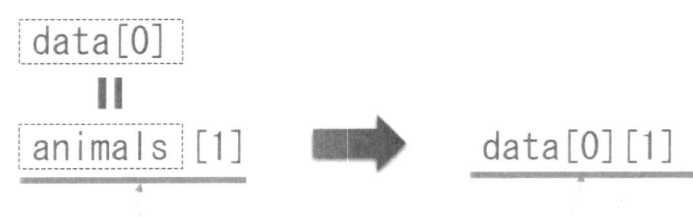

同じ（どちらも"Lion"）

全体の様子を以下の図に示します。

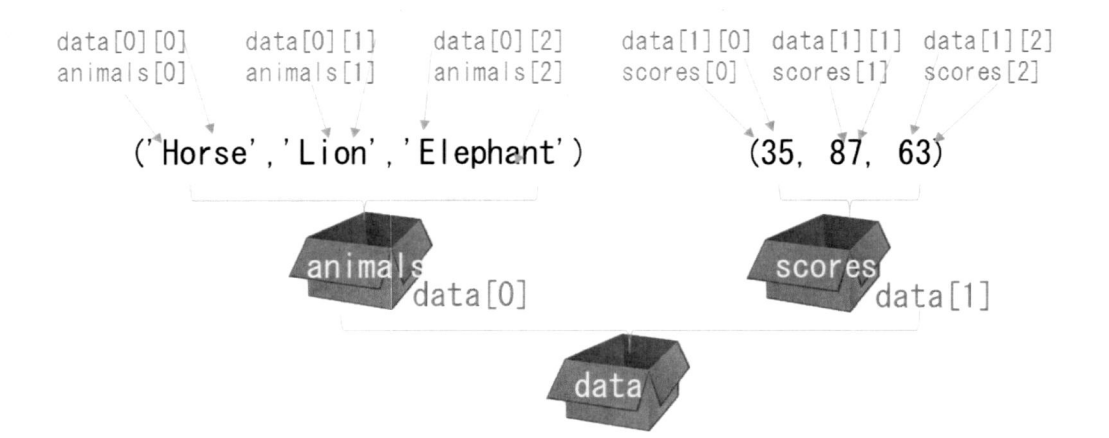

```
>>> data[0]
('Horse', 'Lion', 'Elephant')
>>> data[0][1]
'Lion'
>>> data[1]
(35, 87, 63)
>>> data[1][2]
63
```

今回の例では、一旦 animals、scores といった変数を利用しましたが、以下のようにタプルのタプル（もしくは、リストのリスト）を直接記述しても構いません。

```
>>> data = ( ('Horse', 'Lion', 'Elephant'), (35, 87, 63) )
>>> data
(('Horse', 'Lion', 'Elephant'), (35, 87, 63))
```

タプルのタプルというイメージが伝わったでしょうか？　このような使い方はゲームでも頻

繁に利用されます。しっかりと把握して欲しいので別の例も見てみましょう。

　交互に印を付けて3つ並んだ方が勝ちというマルバツゲーム（Tic Tac Toe）で遊んだ人も多いと思います。空欄を0、マルを1、バツを2という値で表現することにします。

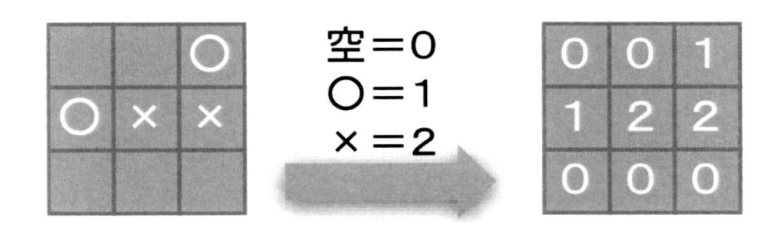

　このような表形式のデータこそ、「リストのリスト」の出番です。まず、行ごとにリストを作成します。それらの行をさらにリストでまとめます。図にすると以下のようになります。

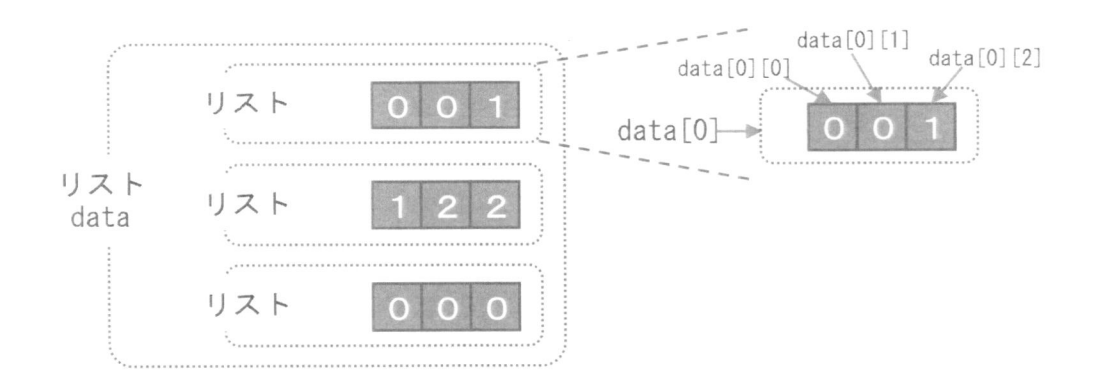

　コードは以下の通りです。

```
>>> data = [ [0, 0, 1], [1, 2, 2], [0, 0, 0] ]
>>> data
[[0, 0, 1], [1, 2, 2], [0, 0, 0]]
```

　データにアクセスする時は、data[行番号][列番号]のように指定します。どちらの番号も0から始まることに注意してください。例えば、左下（2行0列）にマルを書いた時のコードは以下のようになります。

```
>>> data[2][0] = 1
>>> data
[[0, 0, 1], [1, 2, 2], [1, 0, 0]]
```

このゲームは値を更新する必要があるためタプルではなくリストを使用しています。値を更新する必要がない場合はタプルのタプルが適しているでしょう。ボードゲームはもちろん、2Dゲームの地図データを管理する場合にも、このようなデータ構造が適しているかもしれません。

　他の言語においては、このようなデータ構造を実現するために、多次元配列という専用の仕組みが用意されているものも少なくありません。Pythonでは、リストのリストを使って多次元配列と同等のデータ構造を表現します。リストのリストが2次元配列、リストのリストのリストが3次元配列という具合です。

　今回の例では、各行をリストとし、それら複数の行を別のリストで管理しましたが、縦横を逆にすることも可能です。つまり、まず各列をリストにして、それら複数の列を別のリストで管理するという方法です。どちらが正解というわけではありません。状況に応じて使い分けてください。

【演習】リストのリストというデータ構造を作り、特定の要素の値を参照、変更するという練習をしてください。また、マルバツゲームのデータ構造を作って、空欄にマルやバツを挿入するコードを実行してください。

2-8　リストやタプルを扱うのに便利な関数

　リストやタプルをより便利に使うための関数を幾つかご紹介します。

■ len

　リストやタプルに含まれる要素の数を返します。

```
>>> len([1,2,3,4,5])
5
>>> len(("small","medium","large"))
3
```

　この関数は引数として与えられたリストやタプルに含まれる要素の数を返します。2次元配列はリストのリストになりますが、引数に2次元配列を与えると、一番外側のリストの項目の数を返すことに注意してください。内側のリストの個数を求める場合は、len()の引数に内側のリストを渡す必要があります。

```
>>> data = [ [1, 2], [3, 4, 5], [6, 7, 8, 9] ]
>>> len(data)
3
>>> len(data[2])
4
```

■ copy

　ある変数にリストやタプルを格納していたとします。その変数を別の変数に代入しても、そのリストそのものがコピーされるわけではありません。「何を言ってるの？」と戸惑った人もいると思うので、例を使って説明します。

```
>>> a = [1, 2, 3]
>>> b = a
>>> a[2] = 9
>>> a
[1, 2, 9]
>>> b
[1, 2, 9]
```

　まず、変数aにリスト[1, 2, 3]を代入し、そのaをbに代入しています。次にaの最後の要素を9に変更しています。aの内容を確認すると[1, 2, 9]と意図通りに修正されていることが確認できます。この時にbの内容も見てみると、bも[1, 2, 9]に変わってしまっています。違和感を覚えませんか？

　実はaにリストを代入した時、変数aにリストの本体が格納されたわけではないのです。リストはどこか別のところに存在していて、変数aはその場所を指し示しているだけなのです。このような状態を「参照」と呼びます。

　つまり、aの値をbに代入すると、bもaと同じリストを参照するようになります。この状態で、a[2] = 9とリストの値を変更したので、bの値も変化したように見えたのです。

　意図的にリストを複製したい時にはcopy()メソッドを使います。

```
>>> a = [1, 2, 3]
>>> b = a.copy()
>>> a[2] = 9
>>> a
[1, 2, 9]
>>> b
[1, 2, 3]
```

　aはリストを参照しています。2行目で変数aのcopy()メソッドを呼び出しています。copy()メソッドは自身と同じ複製を作って返します。変数bに代入されているのは、複製されたリストになります。つまり、変数aとbはそれぞれ別のリストを参照していることになります。

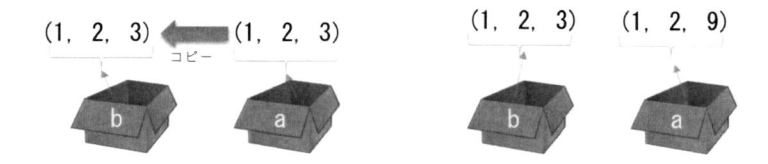

　よって、a[2] = 9と最後の要素の内容を更新しても、それは変数bが参照するリストには反映されません。リストを複製したい場合は単なる代入ではなくcopy()を使うようにしてください。タプルの場合は値を変更できないのでこのような必要に迫られることはありません。ちなみに、タプルにはcopy()というメソッドは用意されていません。後から要素を変更できないため、コピーしても意味がないからです。

■in

　ある値がリストやタプルに含まれているかチェックする時はin演算子が便利です。

```
>>> greets= ("morning", "afternoon", "evening")
>>> "noon" in greets
False
>>> "afternoon" in greets
True
>>>
>>> scores = [92, 45, 87, 36, 72]
>>> 36 in scores
True
>>> 67 in scores
False
```

　　調べたい値　in　リストもしくはタプル

のように呼び出します。値が含まれていると True が、含まれていないと False が返されます。

単に含まれているか否かだけでなく、何番目に格納されているか確認したい時は index() メソッドを使います。

```
>>> greets
('morning', 'afternoon', 'evening')
>>> greets.index("afternoon")
1
>>> scores
[92, 45, 87, 36, 72]
>>> scores.index(36)
3
>>> scores.index(99)
Traceback (most recent call last):
  File "<pyshell#368>", line 1, in <module>
    scores.index(99)
ValueError: 99 is not in list
```

対象となる要素が見つかった場合、その番号が戻り値として返されていることがわかります。要素が見つからなかった場合はエラーが返されます。

【演習】自分で適当なリストを作成し、in演算子を使って、特定の要素が含まれているかどうか確認してください。

■ sort

Python ではリストを並べ替えるために2つの方法が用意されています。sorted関数と sort メソッドです。数値の場合は昇順、文字の場合はアルファベット順で並べ替えられます。

・sorted関数
引数で与えられたリストやタプルを並べ替えてそのコピーを返します。元のリストの並び順は変わりません。

・sortメソッド
元のリストをその場で並べ替えます。戻り値は返しません。

```
>>> fruits = ["banana", "apple", "peach", "orange"]
>>> sorted(fruits)
['apple', 'banana', 'orange', 'peach']
>>> fruits
['banana', 'apple', 'peach', 'orange']
>>> fruits.sort()
>>> fruits
['apple', 'banana', 'orange', 'peach']
```

【演習】自分でリストを作成し、2つの方法で並べ替えてみましょう。

数字の昇順やアルファベット順ではなく、自分のルール（例：文字が短い順など）で並べ替えたいと思うこともあるでしょう。そのような場合は、「どのようなルールで並べ替えるか」を指定する関数を使います。詳しくは後述します。

■ print

print()は引数で与えられた情報をコンソールという出力領域に表示する関数です。IDLEで実行すると次の行に表示されます。単一の値を表示する場合は、その内容を単に括弧の中に記述するだけです。複数の値を表示する場合は、カンマ区切りで指定します。

```
>>> print("hello")
hello
>>> print(3)
3
>>> print(False)
False
>>> print("Hi!", "Python", 3)
Hi! Python 3
```

異なる型のデータを複数表示するには、以下のように書式付き文字列を使って新しい文字列を作成します。

・%演算子を使う方法

元の文字列内に「%s」や「%d」などの書式を埋め込んでおきます。この部分を実データで置換する方法です。文字列の後ろに%演算子を配置し、その後ろにタプル形式で実データを配置します。

"書式付文字列 %s %s" % ("Spring", "Summer"))

データを含むタブル

"書式付文字列 Spring Summer"

文字列に指定する書式には以下のようなものがあります。

%s	文字列
%d	10 進数
%x	16 進数
%f	10 進 float

```
>>> "1=%s 2=%s" % ("Hello", "World")
'1=Hello 2=World'
>>> "value=(%d, %d)" % (2, 5)
'value=(2, 5)'
>>> "score=%f" % (2.457)
'score=2.457000'
```

書式の型と実際のデータは一致させる必要があります。一致しない場合はエラーになります。

```
>>> "age=%d" % ("hello")
Traceback (most recent call last):
  File "<pyshell#21>", line 1, in <module>
    "age=%d" % ("hello")
TypeError: %d format: a number is required, not str
```

書式では%dと数値を期待しているのに、"hello"という文字列が引き渡されたのでエラーになっています。

この書式を使うとprint文でいろいろな情報を出力できるようになります。

```
>>> val, name = 4, "Python"
>>> print("val=%d, name=%s" % (val, name))
val=4, name=Python
```

%演算子を使う方法は初期のPythonからサポートされていますが、現在は次のformatを使う方法が主流になりつつあります。

【演習】文字列、整数、小数点など変数に代入し、%演算子を使ってそれらの内容を含む文字列を構築してみましょう。

・formatメソッドを使う方法

　書式付き文字列を同じように用意します。ただし、データを挿入したい箇所に%を使うのではなく‖を配置します。文字列に対してformatメソッドを呼び出し、その引数に実データを渡します。

"書式付文字列 {} {}".format("Spring", "Summer")

"書式付文字列 Spring Summer"

```
>>> "1={} 2={}".format("Hello", "World")
'1=Hello 2=World'
>>> "value=({}, {})".format(2, 5)
'value=(2, 5)'
>>> "score={}".format(2.457)
'score=2.457'
```

　formatを使った方法では‖の中に番号を記載することで、順番を入れ替えることができます。

"書式付文字列 {1} {0}".format("Spring", "Summer")
　　　　　　　　　　　　　　0番目の引数　　1番目の引数

　もしくは、名前をつけて指定することも可能です。

```
>>> "value=({1}, {0})".format(2, 5)
'value=(5, 2)'
>>> "value=({latitude}, {longitude})".format(latitude=35.6, longitude=139.6)
'value=(35.6, 139.6)'
```

　書式付き文字列を使うと桁数を指定したり、右揃え・左揃えにしたり、パディングを付与したりといろいろな書式を指定できます。

【演習】文字列、整数、小数点など変数に代入し、formatメソッドを使ってそれらの内容を含

む文字列を構築してみましょう。簡単に順番を入れ替えられることも確認しましょう。

2-9 コメント

プログラムを書いていると途中でコメントを残したくなることがあります。そのような時は「#」によるコメントを使うことができます。

```
>>> scores = [92, 45, 87, 36, 72]  # math test scores
```

#から行末までがコメントとみなされます。Pythonには複数行に渡るコメントはありません。#を含む行を複数記述します。

```
# comment line 1
# comment line 2
```

もしくは、本来の使い方ではありませんが、複数行に渡る文字列をコメントとして使うこともあります。複数行に渡る文字列は「"""」か「'''」のように、引用文字を3つ連続することで記述します。

```
"""
comment line 1
comment line 2
"""
```

引用文字3つを使う方法は、正式には複数行にわたる文字列を定義する方法です。

2-10 行の折り返し

1行の長さはある程度に抑えたほうがよいでしょう。しかし、どうしても長くなってしまうこともあるはずです。

```
# ゲームオーバー判定
is_game_over = head in self.bodies or head[0] < 0 or head[0] >= W or head[1] < 0 or head[1] >= H
```

そんな場合は、「\」（半角のバックスラッシュ）を挿入することで行を折り返すことができます。上の行をこの記号を挿入することで折り返した様子を以下に示します。

```python
# ゲームオーバー判定
is_game_over = head in self.bodies or \
    head[0] < 0 or head[0] >= W or \
    head[1] < 0 or head[1] >= H
```

　リストや辞書では、要素の区切りなどで改行することも可能です。その際はバックスラッシュを挿入する必要はありません。

```
>>> a = (1, 2,
    3, 4, 5)
>>> b = ["hello",
    "world"]
>>> a
(1, 2, 3, 4, 5)
>>> b
['hello', 'world']
```

　このバックスラッシュ記号はフォントによっては、¥（日本の通過記号）と表示されてしまうことがあります。本書の中でもこの折り返しを使っていますが、コードの行末に¥がある場合、それは行の折り返しを行う文字（バックスラッシュ）と解釈してください。

　ちなみに、Windowsの場合は、英数文字入力モードにした状態で、キーボード上の¥ラベルを押下して入力される文字がバックスラッシュです。利用しているエディタ（正確にはエディタが使用しているフォント）によって、「¥」か「＼」どちらかの文字が表示されます。Macの場合は、optionキーを押しながら¥記号を押すことでバックスラッシュを入力できます。

第3章　制御文

データ型やデータ構造について基本的な内容を見てきました。本章ではプログラムの流れをコントロールする制御文について説明します。

3-1　インデント

インデントとは文頭の字下げのことで、文書を読みやすくする時に使われます。Pythonには「インデントを使ってグループ化する」という特徴があります。これは他の言語にはあまり見られません。例えば、C、C++、C#、Java、JavaScriptなどの言語では、複数の文をグループ化する時に{}で囲います。{}の中で囲まれた部分は1つの命令のように扱われます。

例えば、ある条件が成立した時に、特定の命令を実行するにはif文を使います。C、C++などの言語では以下のように記述します。

```
if （条件式） 命令
```

多くの場合、命令は1つ以上になるので、そのような時に{}で囲んで、複数の文を1つにまとめます。

```
if （条件式） {
    命令1；
    命令2；
}
```

人によっては、以下のように記述する人もいます。

```
if （条件式）
{
    命令1；
    命令2；
}
```

以前はこんなスタイルで記述する人もいました。

```
if （条件式）
        {
        命令1；
        命令2；
        }
```

どのスタイルがよいのか、宗教論争のように議論されることも珍しくありませんでした。この記法では||で囲まれていることが重要なので、インデントはどうなっていても構いません。極端な話、以下のように記述されていても問題なく動作します。

```
    if （条件式） {
命令1；
    命令2；
}
```

逆に、以下のように||を付け忘れると、意図した挙動にはなりません。おそらく、作者は条件が成立した時に、命令1と命令2を実行したいのかと思われますが、これらは||で囲まれていないため、条件が成立した時に実行されるのは命令1だけになってしまいます。

```
    if （条件式）
        命令1；
        命令2；
```

「わざわざインデントをして見やすくするのであれば、逆にインデントすることで命令のグループ化をすればいいんじゃないか？」というのがPythonの考えです。Pythonでのif文は以下のように記述します。

```
if 条件式：
□□□□命令1
□□□□命令2
```

□は空白です。実際には空白は目に見えないので、コードは以下のように見えます。

```
if  条件式 :
        命令1
        命令2
    命令3
```

if文の条件が成立した時には命令1と2が実行され、その後命令3へ進みます。逆に、条件が成立しない時は命令1と2をスキップし、命令3に実行が進みます。他の言語のように、個人の嗜好によってインデントスタイルが異なることがないため、誰が書いても似たような記述になります。その結果として、読みやすいコードにつながります。

インデントにはTabもしくはスペースが使用できます。ただし両者を混在させてしまうと意図しない結果になることがあります。Pythonの場合、一般的には1段階のインデントには4文字のスペースを使うのがよいとされているので、本書でもその慣習に従っています。他の言語に慣れた人にとっては、カッコがないことに違和感を覚えるかもしれませんが、しばらく使っているとすぐにその良さがわかってくると思います。

3-2　条件式の評価

これからif文、for文、while文と見ていきますが、これらの文で処理の流れを変える時に使われるのが条件式です。条件式は、その値がTrueの時、もしくは0以外の値である時に、条件が成立しているとみなされます。

■比較演算子

比較演算子は2つの値を比較してブール値を返します。

演算子	意味
A == B	2つの値が等しい時に True を返す
A != B	2つの値が等しくない時に True を返す
A < B	AがBより小さい時に True を返す
A<= B	AがB以下である時に True を返す
A > B	AがBより大きい時に True を返す
A >= B	AがB以上である時に True を返す
A in B	AがB（リストやタプル）に含まれている時に True を返す

```
>>> A = 3
>>> B = 5
>>> A == B
False
>>> A != B
True
>>> A < B
True
>>> A <= B
True
>>> A > B
False
>>> A >= B
False
>>> A in (1, 3, 5)
True
>>> A in (2, 4, 6)
False
```

【演習】AとBにいろいろな値を代入し、比較演算子がどのような結果を返すか確認してください。

■ブール演算子

比較演算子を使うと2つの値を比較することができます。同時に複数の比較をする時にはブール演算子であるand、or、notを使います。

ブール演算子	意味
条件式1　and　条件式2	条件式1と条件式2がともにTrueの時にTrueを返す
条件式1　or　条件式2	条件式1と条件式2のどちらかがTrueの時にTrueを返す
not 条件式1	条件式1と逆のブール値を返す

```
>>> A = 3
>>> B = 5
>>> A < 10 and B < 10
True
>>> A < 0 and B < 10
False
>>> A > 0 or B > 10
True
>>> A > 10 or B > 10
False
>>> not A == 3
False
>>> not A == 5
True
```

　Aが3でBが5です。A<10はTrue、B<10もTrueのため、「A<10 and B<10」はTrueとなります。一方、A<0はFalseなので、「A<0 and B<10」はFalseとなります。

　別の例も見てみましょう。xが0より大きくて、かつ、10未満であることを調べる場合は以下のように記述します。

　0 < x and x < 10

　1つの変数で複数のandを使う場合、以下のように記述することもできます。

　0 < x < 10

```
>>> x = 7
>>> 0 < x < 10
True
>>> x = 11
>>> 0 < x < 10
False
```

　【演習】 and, or, not というブール演算子の挙動を確認してみましょう。

■if文

　ifという英単語は「もし〜ならば」という文脈で使用します。Pythonにおけるif文も同じです。「何らかの条件を満たした時に命令を実行する」場合に使用します。「if: else:」「if:」「if: elif:」など、いくつかバリエーションがあります。順番に見ていきましょう。

・if: else:

条件が成立する時、成立しない時、それぞれで何らかの処理を行う時に使用します。

条件式とelseの後ろに「：」（コロン）があることに注意してください。「：」の後ろからブロックが始まります。

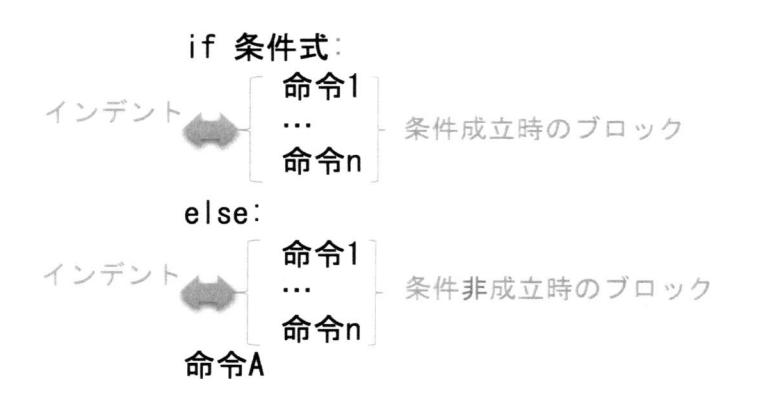

if文から見てインデントされている範囲がブロックとなります。インデントの状態を見ればブロックの範囲が一目でわかります。

具体例を見てみましょう。偶数か奇数かに応じて出力する内容を変化させています。

```
>>> a = 3
>>> if a % 2 == 0:
        print("a is even")
else:
        print("a is odd")

a is odd
```

IDLEでif文などの制御文を入力する場合、初回は少し戸惑うかもしれません。if文の"："の後で改行を入力すると、IDLEは"次に条件式成立時の記述をするのだろう"と判断し、インデントを自動で調整してくれます。よって、そのままprint(…)と入力を続けることができます。print()文の入力を終えて改行を入力すると、print()文と同じレベルにカーソルが移動します。これは条件式成立時のブロックがどこで終わるか判断できないためです。ブロックの入力が終わった時は、バックスペースを押すとカーソルが1レベル分左に移動します。そこで"else:"を入力し、残りの入力を継続します。すべて入力がおわったら、行頭にカーソルがある状態で改行を押下すると、入力した内容が実行されます。実際に試してみるとすぐにコツを飲み込めるでしょう。

　%は剰余を求める演算子です。2で割った余りが0であれば偶数（even）です。そうでなければ奇数（odd）となります。printは引数で与えられた内容を出力する関数です。

・if:
　条件式がFalse時の処理が不要ならelse以降は省略できます。条件が成立した時のみに何らかの処理を行う時に使用します。

```
if 条件式：
    条件式がTrueの時の処理1
    条件式がTrueの時の処理n
次の処理
```

ifの後ろのコロンからブロックが始まります。

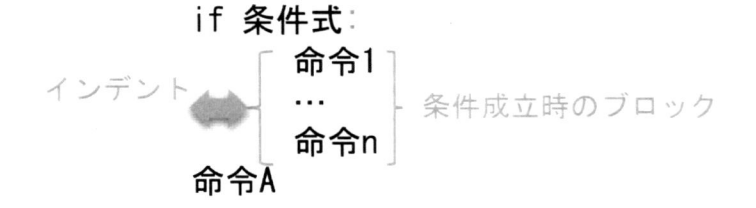

in演算子を使ってリストに含まれているか調べる例です。

```
>>> if "hello" in ("hello", "world"):
        print("hello is in the list")

hello is in the list
>>>
```

・if: elif:

複数の条件を使って、それらの条件に応じて処理を切り分ける時に使います。elifはelse ifを省略したものです。

if 条件式**1**:

　　条件式**1**が**True**の時の処理**1**

　…

　　条件式**1**が**True**の時の処理**n**

elif 条件式**2**:

　　条件式**2**が**True**の時の処理**1**

　…

　　条件式**2**が**True**の時の処理**n**

else:

　　上記上件が全て**False**の時の処理**1**

　…

　　上記上件が全て**False**の時の処理**n**

次の処理

フルーツに応じて色を返すサンプルです。

```
>>> fruit = "banana"
>>> if fruit == "apple":
        print("red")
elif fruit == "banana":
        print("yellow")
else:
        print("unknown")

yellow
```

else以降が不要であれば省略できます。

3-3　ブール値以外の値

　if文では条件式にブール値（比較演算子やブール演算子など）を指定して、処理の流れを制御することができました。条件式には比較演算子だけでなく値を直接指定することも可能です。Pythonでは条件式の場所に値が記述された場合、その値に応じて条件が成立するか否かというルールが定められています。そのルールを以下の表に示します。

	条件式が成立しない	条件式が成立する
数値	ゼロ	それ以外
文字列	空文字列　''や""	それ以外
リスト	空リスト　[]	それ以外
タプル	空タプル　()	それ以外

```
>>> a = 3
>>> if a:
        print("a is not zero")
else:
        print("a is zero")

a is not zero
>>> a = 0
>>> if a:
        print("a is not zero")
else:
        print("a is zero")

a is zero
```

　変数aに3が格納されている場合、最初のprint文が出力されています。つまり、条件式の場所に記述した「a」はTrueと解釈されていることがわかります。一方、変数aに0を格納した場合は、else以降のprint文が出力されています。0はFalseと解釈されています。

　bool()関数を使うと、TrueとFalseのどちらに解釈されるか簡単に調べることができます。

```
>>> bool(0.0)
False
>>> bool(3.14)
True
>>> bool({})
False
>>> bool({1,2,3})
True
>>> bool("hello")
True
>>> bool("")
False
```

【演習】数値、文字やリストを条件式として評価する時に、どのような値がTrue、Falseになるか確認してください。bool()関数を使うと確認が容易になります。

■3項演算子

　if elseを使えば、条件式に応じて処理を変えることができます。条件に応じて代入する値を選択する場合、以下のように記述できます。

```
if a > 0:
    x = 10
else:
    x = 20
```

　aが0より大きい時はxに10を代入し、そうでない時は20を代入します。二者択一です。このようなシンプルなif elseは、より簡単に記述する方法が用意されています。

```
x = 10 if a > 0 else 20
```

　一見すると「わかりづらいなぁ」と感じるかもしれません。これはPythonを作った人が英語圏の人だったことが一因かもしれません。英語圏では結論を先に述べるのが一般的です。今回の場合は、xに10を代入することが前提で、その条件（a > 0）を補足します。最後に条件が成立しないケースを副詞的に追加します。

$$x = 10 \text{ if } a > 0 \text{ else } 20$$

xに10を代入する　もしa>0なら　そうでなければ20を

　このように英文法と比較しながら考えると理解しやすくなると思います。C、C＋＋、Java、JavaScriptなど他の言語では、このようなケースを

```
x = (a > 0) ? 10 : 20
```

のように記述します。？と：を使って3つの項を指定するので「3項演算子」と呼ばれます。

■ while

while文は繰り返し（ループ）処理を行うための命令です。

```
while 条件式:
    命令1
    命令2
命令3
```

　条件式がTrueの間、そのブロック（上の例では命令1と命令2）を繰り返し実行します。条件式がFalseになるとループを抜けて、次の命令（上の例では命令3）に進みます。

```
>>> counter = 0
>>> while counter < 3:
        print(counter)
        counter += 1

0
1
2
```

　この例ではまず変数counterを0で初期化しています。counterが3より小さい間、while文のブロックが実行されます。この例ではcounterの値をprintで出力し、counterの値を1増やしています。つまり、1回ループが実行されるたびにcounterが1増えていきます。counterの値が3になると条件式がFalseになるので、ループの実行が終わります。

各教科の平均点を求める例を while 文で書き直してみましょう。

```
>>> total = 0
>>> index = 0
>>> subject = (78, 95, 68, 62)
>>> while index < len(subject):
        total += subject[index]
        index += 1

>>> average = total / len(subject)
>>> average
75.75
```

len()はリストやタプルの要素数を返す関数です。上の例では要素が4つなのでlen(subject)は4になります。indexが4より小さい間、while文が実行されます。subject[index]で順番に点数を取り出してtotalに追加していきます。また、indexを1ずつ増やしています。while文を抜けた後で、合計点であるtotalを要素数で割って平均点を求めています。

もし、以下のように書き間違えたとします。どうなるでしょうか？

```
>>> while index < len(subject):
        total += subject[index]
        total += 1
```

indexの値は0のまま変わりません。つまり、while文はずっと実行を継続してしまいます。こうなると、中断するにはPythonシェルをリセットするしかありません。

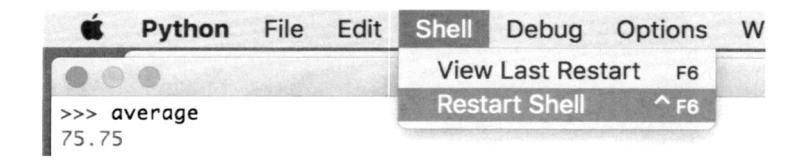

【演習】意図的に上記のように書き間違えて、Pythonシェルをリスタートしてください。

■ for

for文は繰り返し処理をするための命令です。if文と並んで最も利用される命令の1つです。リストやタプルは変数名の後ろに「[番号]」を付けてアクセスします。先述したwhile文の例では変数indexに番号の役目を担ってもらいました。「変数indexを0で初期化し、順番に値を増

やしながら配列にアクセスして値を取得する」というのは素直なアプローチといえるでしょう。

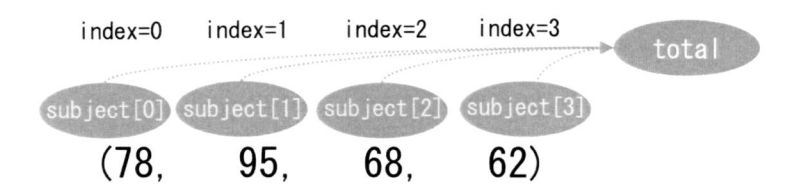

　でも、少し待ってください。本当に欲しいのは「[番号]」ではなくて、リストやタプルに格納されている値のはずです。値だけを順番に取ってくる仕組みがあれば、番号は不要になるはずです。Pythonにはそのための構文が用意されています。for文を使って先ほど例を書き換えてみます。

```
>>> total = 0
>>> for score in subject:
        total += score

>>> average = total / len(subject)
>>> average
75.75
```

　for文ではsubjectから値を順番に取り出し、取り出した値を変数scoreに格納します。ループブロックの中ではtotalにscoreを加えています。indexを使わないためシンプルで、やりたいことが明確になっています。

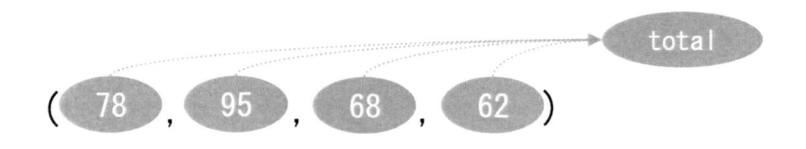

　このようにfor文を使うとindexなどの番号を使わずに要素を順番に取り出すことができます。inの後ろには、何らかの要素を順番に返すものであれば、リストやタプル以外も指定できます。このようなものをイテラブルオブジェクトと呼びます。例えば、文字列もイテラブルオブジェクトです。文字列をinの後に指定すると、文字を1文字ずつ取得することができます。

```
>>> for letter in "hi!":
        print(letter)

h
i
!
```

■range

　for文を使うと番号を使わずに要素を順番に取得できます。しかし、番号を使いたい時もあるはずです。Pythonはそのような状況も予想して、便利な道具を用意してくれました。range関数です。この関数は番号を返すイテラブルオブジェクトを返します。

　もっともシンプルな使い方は引数に最大値を指定する使い方です。

```
>>> for index in range(5):
        print(index)

0
1
2
3
4
```

　0から4までの数値が順番に返されていることがわかります。引数で指定した5は含まれないことに注意してください。0から9までの数値の合計を求めるコードは以下の通りです。

```
>>> total = 0
>>> for val in range(10):
        total += val

>>> total
45
```

　0以外の番号から開始したいこともあるでしょう。そのような時はrange(開始値, 最大値)と2つの数値を引数に指定します。

```
>>> for val in range(3, 7):
        print(val)

3
4
5
6
```

　1つおきに数字を取得したいこともあるでしょう。そんな時はrange(開始値, 最大値, ステップ)と3つの数値を引数に指定します。

```
>>> for val in range(1, 8, 2):
        print(val)

1
3
5
7
```

range()の使い方を以下にまとめます。

・range(最大値)　＝引数が１つの時

0から1ずつ増加し、最大値（含まない）まで

・range(開始値, 最大値)　＝引数が２つの時

開始値（含む）から1ずつ増加し、最大値（含まない）まで

・range(開始値, 最大値, ステップ)　＝引数が３つの時

開始値（含む）からステップずつ増加し、最大値（含まない）まで

【演習】 2, 4, 6, 8, 10 と10までの偶数を出力してください。

■ break と continue

while や for などのループを使っていると、

・ループの途中でループを抜け出す

・ループの途中でループの先頭に戻る

といった処理が必要になることがあります。

このような状況のために用意されているのがbreakとcontinueです。breakはループを抜け出す時、continueはループの残りをスキップして、ループの先頭に戻る時に使います。

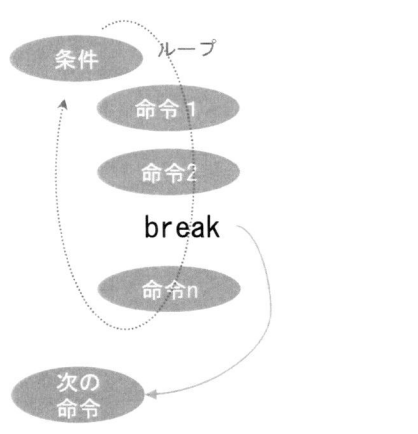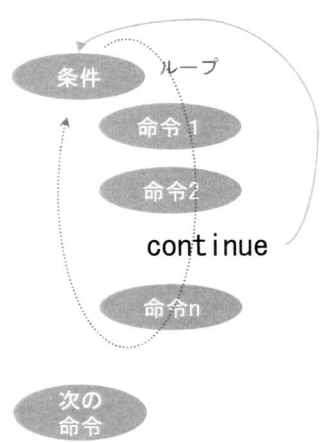

while/breakを使った例を以下に示します。

```
>>> count = 0
>>> while True:
        if count > 3:
                break
        print(count)
        count += 1

0
1
2
3
```

変数countを0で初期化し、while文の実行を開始します。countの値が3より大きくなったらbreakでwhile文を抜けます。3以下の時は数値をprintで出力し、countを1つ増やしています。

for/continueを使った例を以下に示します。

```
>>> for val in range(5):
        print(val)
        if val%2 == 0:
                continue
        print("===")

0
1
===
2
3
===
4
```

range()を使って[0,1,2,3,4]というシーケンスを生成しています。まずその値を出力します。その値が偶数の時はcontinueでループの先頭に戻ります。奇数の時は「===」を出力しています。

3-4　関数

ここまでPythonで用意されている関数をいろいろと使ってきました。min(), max(), type(), str(), bool(), print(), len(), range()…これらの使い方を覚えているでしょうか？　忘れている場合はページを振り返って復習してください。

Pythonでは自分で関数を定義することもできます。複雑な処理を関数にまとめて、適切な関数名を付けることでプログラムが格段に読みやすくなることも珍しくありません。複雑な事象は抽象化した方が全体像を見渡しやすくなるためです。また、プログラミング中に「何か同じ

ような処理を繰り返し書いているなぁ」と感じたら、それは関数を定義した方がよい兆候です。同じようなコードがいろいろなところに偏在すると、保守が大変になるためです。

Pythonでの関数定義は以下のように記述します。

```
def 関数名(引数1, 引数2, …):
    命令1
    命令n
    return 戻り値
```

具体例を見てみましょう。2つの引数を受け取って合計を返す関数です。

```
>>> def add(a, b):
        return a + b

>>> add(3, 4)
7
```

【演習】引き算をする関数：sub、掛け算をする関数：multiplyを定義して、その動作を確認してください。

引数がない場合は省略することができます。また、戻り値が必要ない場合は、returnを省略することが可能です。

```
>>> def say_hello():
        print("Hi!")

>>> say_hello()
Hi!
```

以下は摂氏（日本で使う温度の単位：0℃で氷に、100℃で沸騰）を華氏（米国などで使われる温度の単位）に変換する関数です。

```
>>> def celsius_to_fahrenheit(degree):
        return (degree * 1.8) + 32

>>> celsius_to_fahrenheit(100)
212.0
>>> celsius_to_fahrenheit(25)
77.0
```

引数や戻り値にはどんな値も使用できます。もちろん、文字列も使えます。

```
>>> def say_hello(name):
        return "Hi! " + name

>>> say_hello("John")
'Hi! John'
```

【演習】どんな関数でも構いません。関数を定義して、それを呼び出してみてください。

■引数のデフォルト値指定

引数を使うと関数に値を引き渡すことができました。「ほとんどの時は同じ値を使うが、たまには異なる値を指定したい」ということもあるでしょう。そのような時にはデフォルト値を設定すると便利です。

Pythonでは関数を定義する時に「引数＝デフォルト値」と書くだけでデフォルト値を設定することができます。

```
>>> def say_hello(name="Alex"):
        print("Hi! " + name)

>>> say_hello()
Hi! Alex
>>> say_hello("David")
Hi! David
```

引数を省略した時は、変数nameにデフォルト値「Alex」が代入されていることがわかります。

■ラムダ関数

プログラミングをしていると「関数を定義する（＝defで宣言し、関数名を付けて、引数の名前を決めて、実際の処理を記述する）ほどではないけれど、ちょっとした作業に関数を使いたい」と思うことがあります。そのような要望に応えるためにラムダ関数という仕組みが用意されています。書式は以下の通りです。

lambda 引数: 命令

シンプルすぎて逆にイメージがわかないと思います。具体例を見ていきましょう。

```
>>> lambda x: x % 2 == 0
<function <lambda> at 0x10dd70598>
>>> lambda name: print("Hi!" + name)
<function <lambda> at 0x10db98598>
```

　この例では2つのラムダ関数を定義しています。前者は引数が偶数か否か返すもの、後者は引数の名前に「Hi! 」をつけた文字列を出力するものです。

　ただ、このままでは関数に名前がないので呼び出すことができません。ラムダ関数を変数に代入してみましょう。関数は（）を付けると呼び出すことができます。では、これも試してみましょう。

```
>>> is_even = lambda x: x % 2 == 0
>>> is_even(2)
True
>>> is_even(3)
False
>>>
>>> say_hi = lambda name: print("Hi! " + name)
>>> say_hi("Ken")
Hi! Ken
```

　ラムダ関数もdefで定義した関数と同じように呼び出せることがわかります。しかし、このような使い方はラムダ関数にとってあまり一般的ではありません。このような用途であればdefを使って通常の関数を定義すればよいからです。ラムダ関数は「使い捨て」が普通です。その利用例を見てみましょう。

・map

　mapはリストやタプルの要素全てに対して何らかの処理を行う時に使います。mapの使い方は以下の通りです。

map(処理を行う関数, リストやタプル)

　リストやタプルの要素が順番に「処理を行う関数」へ引数として渡されてきます。関数ではそれらの要素にどのような処理を行うかを記述します。

　map関数を使って全ての要素を2倍にしてみましょう。make_doubleは引数を2倍にして返すだけの関数です。これをmap()の第1引数に指定しています。

```
>>> def make_double(x):
        return x * 2

>>> list(map(make_double, [1,2,3]))
[2, 4, 6]
```

　すると、make_doubleの引数にリスト[1, 2, 3]の要素が順番に渡されます。make_doubleは単に2倍にして返すので、[2, 4, 6]という結果が得られます。map()関数はmapオブジェクトを返します。そこからリストを取得するためにはlist()関数を使います。全ての要素が2倍になったリストが取得できました。

　ただ、単に値を2倍にするだけなので、わざわざdefを使って定義するほどでもないと思うかもしれません。ラムダ式の出番です。ラムダ式を使って書き直してみます。

```
>>> list(map(lambda x: x*2, [1,2,3]))
[2, 4, 6]
```

　1行で同じ結果を得ることができました。ラムダ関数の引数xにリスト[1, 2, 3]の要素が順番に渡されてきます。ラムダ関数ではその値を2倍にしています。こうすることで全ての要素に特定の処理を適用することができました。

・filter

　filterは名前の通り、条件に合致した要素だけを抽出する時に利用します。どのような要素を選ぶかを関数で指定しますが、その部分にラムダ式が適しています。

> filter(要素を選ぶ関数, 配列)

```
>>> list(filter(lambda a: a%2==0, [0, 1, 2, 3, 4, 5]))
[0, 2, 4]
```

　「要素を選ぶ関数」には配列の要素が順番に引数として渡されてきます。この例ではaに0, 1, 2, 3, 4, 5といった値が順番に渡されてきます。ラムダ関数では引数aが偶数の時にTrueを返しています。つまり、今回の例では偶数だけが選ばれるというfilterを実現しているのです。

【演習】filterを使って、配列の奇数のみ、3の倍数のみをフィルタリングしてください。

・sorted

　前の節でsortedを使って、数値なら昇順、文字列ならアルファベット順で並べ替えられるとい

う説明をしました。reverse=True パラメータを指定すると逆順に並べ替えることもできます。

```
>>> sorted([7, 4, 3, 1, 5])
[1, 3, 4, 5, 7]
>>> sorted([7, 4, 3, 1, 5], reverse=True)
[7, 5, 4, 3, 1]
>>> sorted(["banana", "apple", "peach"])
['apple', 'banana', 'peach']
>>> sorted(["banana", "apple", "peach"], reverse=True)
['peach', 'banana', 'apple']
```

　では、文字列の長い順に並べるにはどうしたらよいでしょうか？　どのようなルールで並べ替えるかを sorted 関数に伝えなくてはなりません。ここもラムダ関数の出番です。key パラメータに「何を基準に並べ替えるか」を指定する関数を記述します。

```
>>> sorted(["bread", "rice", "spaghetti"], key=lambda x: len(x))
['rice', 'bread', 'spaghetti']
>>> sorted(["bread", "rice", "spaghetti"], key=lambda x: len(x), reverse=True)
['spaghetti', 'bread', 'rice']
```

　上の例では要素の長さを基準にする旨を指定しています。reverse=True を指定すると逆順になります。もう1つ例を見てみましょう。タプルのリストを並べ替えてみましょう。key を指定しない場合、0→2→5とタプルの先頭の要素で並べ替えが行われています。

```
>>> sorted([(0, 1), (5, 3), (2, 4)])
[(0, 1), (2, 4), (5, 3)]
>>> sorted([(0, 1), (5, 3), (2, 4)], key=lambda x: x[1])
[(0, 1), (5, 3), (2, 4)]
```

　後者ではkeyを使って、並べ替えをする基準をタプルの2番目の要素x[1]に指定しています。これにより、1→3→4と並べ替えの順序が変化しています。

【演習】任意のリストを作り、sorted関数を使っていろいろな順番に並べ替えて見ましょう。

■リスト内包表記

　mapも filterもリストの要素に対して何らかの処理を行うものでした。Pythonではリスト内包表記という記述方法でも同じ処理を行うことができます。記法は以下の通りです。

[式for 要素名in リスト]

これだけではわからないと思うので例を示します。

```
>>> [x*2 for x in [1,2,3,4]]
[2, 4, 6, 8]
>>> [x*x for x in range(5)]
[0, 1, 4, 9, 16]
```

前者は[1, 2, 3, 4]というリストの個々の要素を2倍しています。後者はrange(5)で生成される
リスト[0, 1, 2, 3, 4]の各要素を2乗しています。

実は、最初にこの表記を見た時の印象は「なんだこりゃ？！」でした。しかし、「Pythonを
設計したのは英語圏の人だ」という事実を思い出すと、この表記がストンと腑に落ちました。

```
    x*2 for x in [1,2,3,4]
  xを2倍する xについて　リストの
```

英語の表現では結論をまず述べ、順次必要な情報を補足していきます。今回の例では取得し
たい値（xの2倍）を結論として最初に述べます。そのあとで、操作対象の値はxであるという
旨、最後にそのxはこのリストから取得する、と順番に述べていくのです。

ところで、多次元配列はリストのリストとして表現できました。結論の箇所にリストを記述
するとリストのリストも作成できます。

```
    x*2  for x in [1,2,3,4]
  欲しいもの xについて　リストの

  [リスト]  for x in [1,2,3,4]
```

例を見てみましょう。

```
>>> [[x,x+1,x+2] for x in [1,2,3]]
[[1, 2, 3], [2, 3, 4], [3, 4, 5]]
```

リストのリストが作成できました。inの後ろの[1,2,3]から順番に値が取り出され、変数xに割
り当てられます。そのxを元に[x, x+1, x+2]というリストを作ります。xが1の時は[1,2,3]、xが
2の時は[2,3,4]となります。

```
[[x, x+1, x+2] for x in [1,2,3]]
[
 [1,  2,  3],  ← x =1
 [2,  3,  4],  ← x =2
 [3,  4,  5]   ← x =3
]
```

さらに一歩進めて、内側のリストも内包表記にしてみましょう。

```
>>> [[0 for x in range(3)] for y in range(4)]
[[0, 0, 0], [0, 0, 0], [0, 0, 0], [0, 0, 0]]
```

縦4行、横3行の行列がたった1行のコードで初期化できました。xやyといった変数は必ずしも使わなくても構いません。

```
[[0 for x in range(3)] for y in range(4)]
 [0, 0, 0]   ← y = 0
 [0, 0, 0]   ← y = 1
 [0, 0, 0]   ← y = 2
 [0, 0, 0]]  ← y = 3
```

← ここを4回繰り返して外側のリストを作る

```
[0 for x in range(3)]
```

ここを3回繰り返して内側のリストを作る

順番に値を埋めるのも簡単です。yの値が0, 1, 2, 3と増えていきますが、それぞれについて内側のリスト内包表記が実行されxの値が0, 1, 2と増えていきます。x+y*3とすることで、順番に数値を増やすことができます。

```
>>> [[x+y*3 for x in range(3)] for y in range(4)]
[[0, 1, 2], [3, 4, 5], [6, 7, 8], [9, 10, 11]]
```

以下は2次元配列の要素を順番に取り出して2倍するサンプルです。

```
>>> data = [[x+y*3 for x in range(3)] for y in range(4)]
>>> data
[[0, 1, 2], [3, 4, 5], [6, 7, 8], [9, 10, 11]]
>>> [[x*2 for x in row] for row in data]
[[0, 2, 4], [6, 8, 10], [12, 14, 16], [18, 20, 22]]
```

変数dataに2次元配列を代入しています。これは上の例と同じです。dataの要素を順番に取り出して変数rowに格納します。内側のリストでは、そのrowから順番に要素を取り出して、要素の値xを2倍しています。

リスト内包表記を使っていろいろなリストを作りました。さらに、リスト内包表記では条件式を追加することで、filterと同じような表現も可能です。

[式for 要素名in リストif 条件式]

ifの条件を満たした要素に対してのみ最初の式が実行されます。これも例を見てみましょう。[0, 1, 2, 3, 4, 5]から偶数だけを抽出します。

```
>>> [x for x in [0,1,2,3,4,5] if x%2==0]
[0, 2, 4]
```

x%2==0を満たすのは偶数だけです。よって、[0, 1, 2, 3, 4, 5]と値がありますが、取り出して処理されるのは条件を満たす値、すなわち[0, 2, 4]となります。

以下の例は、xを3倍し、 [0, 1, 2, 3, 4, 5]をrange(6)に置き換えたものです。

```
>>> [x*3 for x in range(6) if x%2==0]
[0, 6, 12]
```

リスト内包表記は英語圏特有の記法なので、慣れるまでは少々時間がかかるかもしれません。ただ、パイソニスタ（Pythonista[4]）になるためには是非ともマスターしたい内容です。頑張ってください。

※4　Pythonの達人を「Pythonist」「Pythonista」などと呼ぶそうです。

3-5　モジュール

■ファイルの実行

ここまでは全てIDLEという環境で作業を行ってきました。IDLEはちょっとしたことを試すには便利ですが、本格的なプログラムを開発するのには向きません。プログラムを作るのであれば、ファイルに保存して、そのファイルを実行するというステップを踏む必要があります。

ファイルの作成は使い慣れたエディタを使って構いません。参考までにIDLEでファイルを作る手順について説明します。

・Macの場合

(1)　IDLEを起動した状態でファイルメニューから「New File」を選択します。

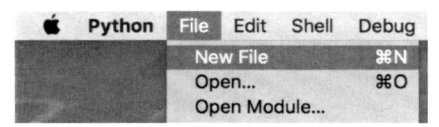

(2)　開いたウインドウにプログラムを入力します。

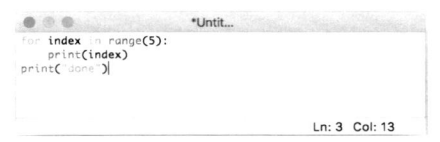

(3)　実行前に保存します。Pythonのプログラムファイルの拡張子は一般的に「.py」とします。

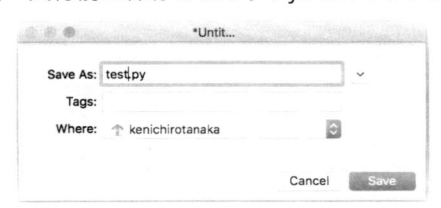

(4)　「Run」メニューの「Run Module」を選んで実行します。

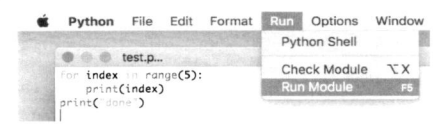

　　Pythonシェルに結果が出力されます。

　　いったんファイルに保存したらターミナルから実行することも可能です。

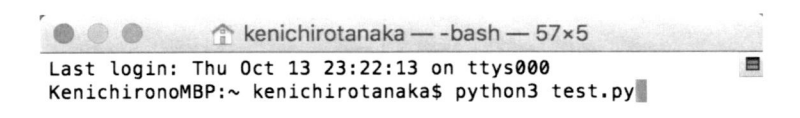

　　単に「python」とコマンドラインから入力するとpython2が実行される可能性があります。その場合はpython3というコマンドがあるか試してみてください。本書のサンプルはpython3

をベースにしているので、python3が必要になります。ちなみに、「python --version」もしくは「python3 --version」と入力するとバージョン番号を確認することができます。

■モジュールのインポート

最初からいろいろな状況を想定して準備万端で物事に臨む人もいれば、必要なものは都度用意すればよいと考える人もいます。Pythonのスタンスは明らかに後者です。Pythonでは必要なものを都度インポートします。

例えば、Pythonで乱数を利用するにはrandomモジュールをインポート（取り込む）する必要があります。外部のモジュールを取り込むにはimport命令を使用します。

import モジュール名

モジュールを取り込むと、そのモジュール中で定義されている関数を利用できるようになります。以下の例では、randomモジュールをインポートし、random.randint()関数で乱数を生成しています。

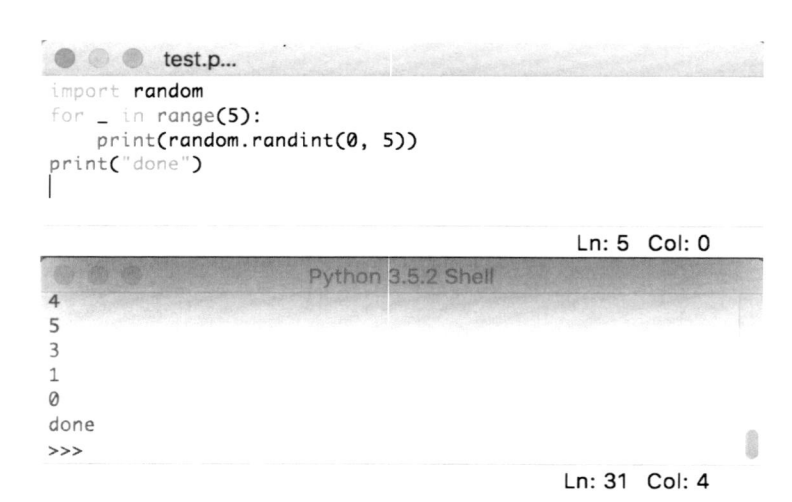

```
import random
for _ in range(5):
    print(random.randint(0, 5))
print("done")
```

Ln: 5 Col: 0

Python 3.5.2 Shell

```
4
5
3
1
0
done
>>>
```

Ln: 31 Col: 4

randint(x,y)	xからyまでのランダムなint値を取得する

単なるrandint()ではなく、random.randint()とモジュール名が前に付与されていることに注意してください。これは関数名の衝突を防ぐためのものです。例えば、ゲーム用モジュールAにget_position()という関数があり、地図用モジュールBにもget_position()という関数があったとします。モジュールAとBの両方をインポートしてget_position()関数を実行するとどちらが実行されるのでしょうか？　このような曖昧性を排除するために、モジュール名を関数の前に

付与することになっています。A.get_position()とB.get_position()であれば、どちらの関数を呼ぶか明確に区別できます。

■必要な対象のみインポート

例えばrandomモジュールにはseed()、getstate()、setstate()、jumpahead()、getrandbits()、randrange()、randint()、choice()、shuffle()、sample()、…などさまざまな関数が用意されています。上の例で実際に利用しているのはrandint()ひとつだけです。気にするほどではないかもしれませんが、無駄といえば無駄です。特定の関数だけを使うのであれば、以下の命令が利用できます。

from モジュール名　import 関数名

上の例をこの構文を使って書き換えてみます。

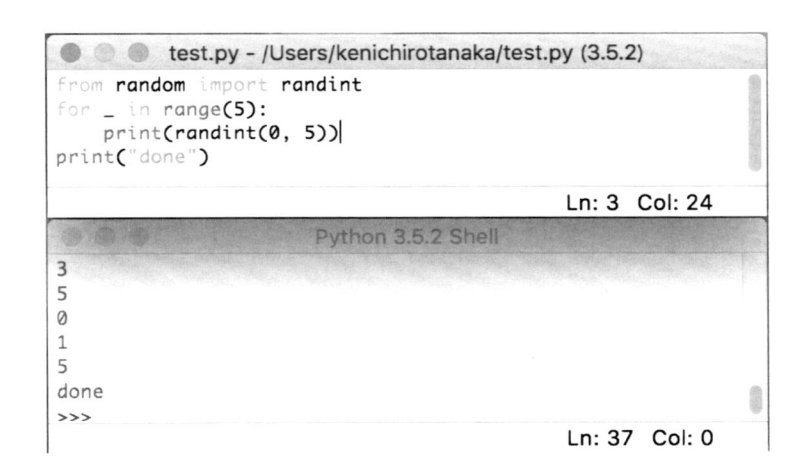

今度は明示的に使用する関数を指定しているため、モジュール名を付与しなくても関数を呼び出せていることに注意してください。ちなみに、forとinの間に「＿」を指定しています。通常はリストの要素を格納する変数を指定します。今回はループの中で変数を利用していません。通常の変数を指定してもなんら問題はないのですが、「変数を使わない」という意図を明示するために「＿」を使いました。

■__main__

Pythonのファイルは基本的に上から順番に実行されます。この時、関数定義は実行とは異なることに注意してください。以下のようなファイルがあったとします。

命令1

```python
def add(a, b):
    return a + b
```

命令2

```python
def sub(a, b):
    return a - b
```

命令3

「命令1 → addの関数定義 → 命令2 → subの関数定義 → 命令3」と処理されていきますが、addやsubは関数を定義しているだけなので実行はされません。関数が実行されるのは、誰かが関数を呼び出したタイミングです。すなわち、add(2, 3)、sub(5, 2)のように呼び出さないと関数は実行されません。

ところで、Pythonではimport命令を使って他のモジュールを読み込みます。つまり、呼び出す側と呼び出される側の2種類があるのです。

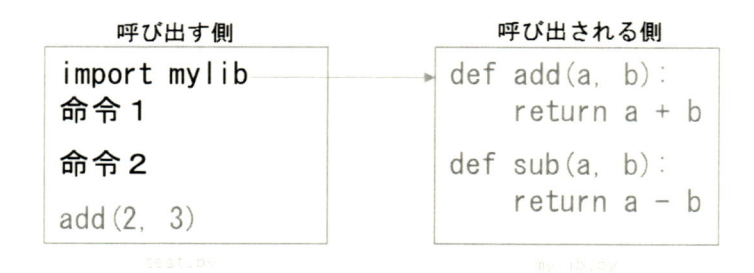

あなたが作成したファイルも、ある時は呼び出す側、ある時は呼び出される側になるかもしれないのです。どちらの状況で実行されているか見分けるために、__name__という変数が用意されています。自身がプログラムを開始したファイルの場合、__name__には「__main__」という値がセットされます。つまり、この値を見ると、呼び出す側か、呼び出された側か、を判断できるのです。実験してみましょう。import_test0.pyとimport_test1.pyという2つのファイルを用意します。

import_test0.py

```python
print("import_test0 start")
print("__name__ = {}".format(__name__))
def main():
    print("main executed")
if __name__ == '__main__':
```

```
    main()
```

import_test1.py

```
print("import_test1 start")
import import_test0
```

テスト結果は以下の通りです。

```
● ● ●              📁 PythonBasic — -bash — 70×8
[KenichironoMBP:PythonBasic kenichirotanaka$ python3 import_test0.py
import_test0 start
__name__ = __main__
main executed
[KenichironoMBP:PythonBasic kenichirotanaka$ python3 import_test1.py
import_test1 start
import_test0 start
__name__ = import_test0
```

import_test0.py1 を実行した時は、__name__ に__main__ という文字列がセットされていることがわかります。一方、import_test1.py から import_test0.py をロードした場合、__name__ にはモジュール名がセットされていることがわかります。

これ以降、たくさんのサンプルが出てきますが、そのほとんどが以下のフォーマットに従っています。

import …

初期化コード

　関数・クラス定義、広域変数宣言など

def main():

…メインルーチン

if __name__ == '__main__':

　　main()

__name__ == '__main__' がTrueの時、このファイルから実行が開始されています。その場合は、関数main()を実行して処理を開始します。仮に、他のファイルからimportされた場合、この条件式はFalseになるためmain()は実行されません。ちなみに、main()は多くの言語でプログラム実行の起点となる関数です。上の例はその慣習に従っているだけで、関数名はmain()に限定されているわけではありません。

第4章　PyGame

　PyGameはPythonのゲーム用のライブラリです。PyGameを使うと、ウインドウを作って自由に描画できます。マウスやキーボードの入力も受け取れます。ゲームで便利に使える命令も充実しています。早速PyGameの使い方を見ていきましょう。

4-1　ウインドウの表示

　まずはウインドウの表示です。

```python
""" justwindow.py """
import sys
import pygame
from pygame.locals import QUIT

pygame.init()
SURFACE = pygame.display.set_mode((400, 300))
pygame.display.set_caption("Just Window")

def main():
    """ main routine """
    while True:
        SURFACE.fill((255, 255, 255))

        for event in pygame.event.get():
            if event.type == QUIT:
                pygame.quit()
                sys.exit()

        pygame.display.update()
```

```
if __name__ == '__main__':
    main()
```

　IDLEでファイルを実行する時は、「File」メニューから「Open」を選び、ファイル選択ダイアログを開きます。そのダイアログで実行するファイルを選びます。

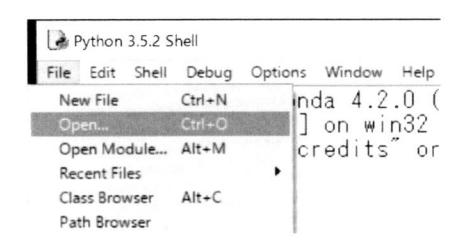

　すると、開いたファイルを含むウインドウが表示されるので、そのウインドウの「Run」メニューから「Run Module」を選ぶことで、ファイルを実行することができます。

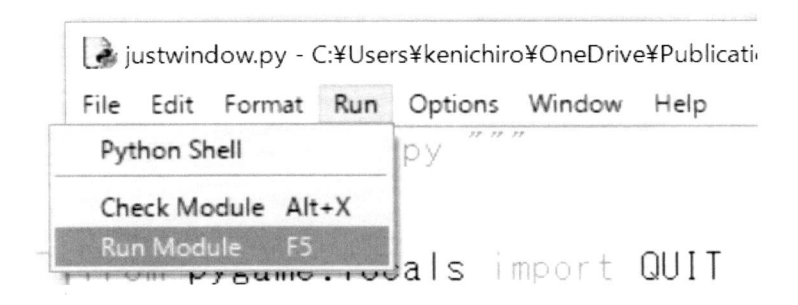

　上述したファイルを実行すると以下のようなウインドウが表示されます。サイズは幅400、高さ300ピクセルで、ウインドウのタイトルに「Just Window」と表示されています。

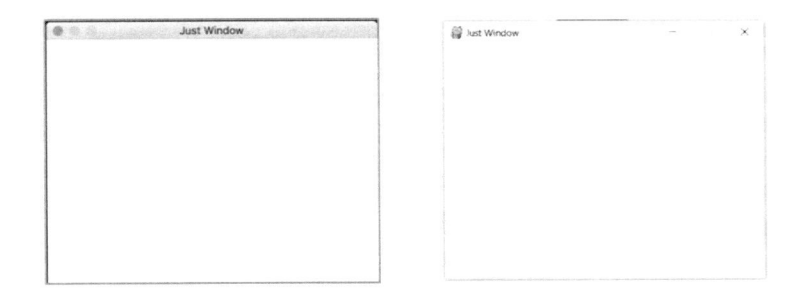

　プログラムの詳細な説明をする前に、ウインドウを持つアプリケーションがどのように動いているのか、その仕組みについて簡単に説明します。

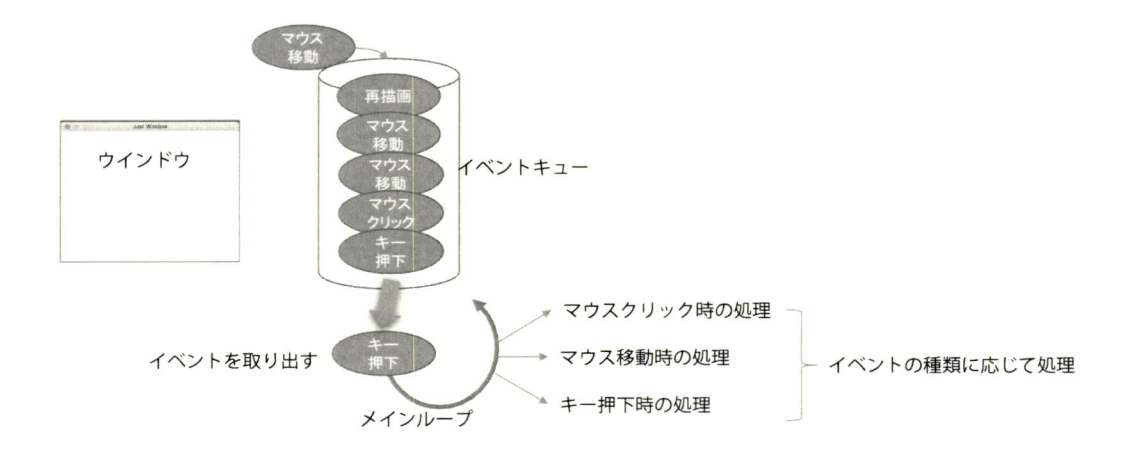

　ウインドウは画面上に表示されます。その上でマウスがクリックされたり、マウスが動いたり、キーボードが押されたりと、さまざまな事象が発生します。これら事象のことを「イベント」と呼びます。イベントは発生するとイベントキューという場所に格納されます。キュー（queue）とは待ち行列のことです。プログラムでは、キューの先頭からイベントを取り出し、そのイベントの種類に応じて、適切な処理を行っていきます。ちょうど人気のあるレストランに人が行列しているような状態です。先頭の人から注文した料理を食べることができます。

　このようにウインドウを持つアプリケーションはイベントキューに溜まったイベントを順番に処理するという作業を繰り返しますが、この繰り返しのことを「メインループ」と呼びます。このような仕組みはPythonに限ったことではなく、ウインドウを持つアプリのほとんどはこのような仕組みで動作しています。

　それでは、ソースコードを詳しく見ていきましょう。最初の「""" justwindow.py """」はコメントです。無くても動作には支障はありません。ちなみにLinuxやmacOS上ではファイルを直接実行可能にするため、先頭行に「#!/usr/bin/python3」や「#!/usr/bin/env python3」のように書くこともあります。

　続く3行はモジュールをインポートするためのものです。

```
import sys
import pygame
from pygame.locals import QUIT
```

　sysシステムモジュールとpygameモジュールをインポートしています。pygameではさまざまな定数を使用しますが、それらはpygame.localsモジュールで定義されています。「from pygame.locals import QUIT」という処理で、pygame.localsモジュールにあるQUITという定数を使用する旨を記述しています。

　「pygame.init()」はpygameモジュールを初期化する関数です。pygameを使うアプリで

は最初に呼び出す必要があります。

「SURFACE = pygame.display.set_mode((400, 300))」では、サイズを指定してウインドウを作成し、それを変数SURFACEに格納しています。続く「pygame.display.set_caption("Just Window")」で、ウインドウのタイトルを設定しています。

「def main():」からが関数mainの宣言です。ファイルの最後に「__name__ == '__main__'」というif文があることからわかるように、このファイルから開始された時にmain関数が実行されます。main関数は全体がwhile True:ブロックで囲まれています。このwhile文こそがメインループです。終了処理が行われるまでループを継続します。

whileブロックの中では、まず「SURFACE.fill((255, 255, 255))」を呼び出します。変数SURFACEはウインドウです。そのウインドウを白色（255, 255, 255）で塗りつぶしています。fillは塗りつぶすという意味です。三原色という言葉がありますが、赤・緑・青の色を混ぜ合わせるとさまざまな色を表現できます。PyGameでは3つの数字のタプル（R赤、G緑、B青）で色を指定します。それぞれの要素は0から255までの範囲で指定します。いくつか例を見てみましょう。

(0, 0, 0)	黒
(255, 255, 255)	白
(255, 0, 0)	赤
(0, 255, 0)	緑
(0, 0, 255)	青
(255, 255, 0)	黄

【演習】色の部分を書き換えてどのように色が変わるか確認してください。

次の「for event in pygame.event.get():」はイベントキューからイベントを取得する命令です。取得したイベントは変数eventに格納されます。あとは、そのeventの種類に応じて適切な処理を行います。今回のプログラムは最も基本的なものなので、「終了イベントを検出した時にプログラムを終了する」という処理しか行っていません。終了イベントはウインドウの「閉じる」ボタンを押した時などに発生します。その処理が以下のif文です。

```
if event.type == QUIT:
    pygame.quit()
    sys.exit()
```

イベントの種類がQUITの時、「pygame.quit()」でPyGameの初期化を解除し、「sys.exit()」でプログラムを終了します。「pygame.display.update()」はプログラム中に描画した内容を画面に反映させる命令です。この命令を実行しないと、せっかく描画した内容が画面に反映されないので忘れずに呼び出すようにしてください。

4-2　タイマー

　メインループは全速力で実行を繰り返します。CPU使用率を見てみると、かなり高い数値であることが確認できます。以下はmacOSのアクティビティモニタの様子です。単にウインドウを表示するだけのアプリですが、CPUを46%も占有していることがわかります。

　Windows環境ではタスクマネージャを使うと同様の情報が確認できます。

　こちらも28%と非常に高いCPU利用率でした。
　どのくらい速いスピードでメインループが動作しているかを確認するプログラムを作って見ました。

```
""" fps_test1.py """
import sys
```

```python
import pygame
from pygame.locals import QUIT

pygame.init()
SURFACE = pygame.display.set_mode((400, 300))


def main():
    """ main routine """
    sysfont = pygame.font.SysFont(None, 36)
    counter = 0
    while True:
        for event in pygame.event.get(QUIT):
            pygame.quit()
            sys.exit()

        counter += 1
        SURFACE.fill((0, 0, 0))
        count_image = sysfont.render(
            "count is {}".format(counter), True, (225, 225, 225))
        SURFACE.blit(count_image, (50, 50))
        pygame.display.update()


if __name__ == '__main__':
    main()
```

　メインループの中でカウンタcounterを1ずつ増加させ、その値を画面上に描画しています。描画命令は後ほど詳しく説明するので、ここでは実行して様子を見るだけで構いません。非常に速いスピードでカウンタが増加する様子が確認できます。

【演習】 実際に実行してCPU使用率を見てみましょう。

　人間の目は速いスピードには追随できないので、速すぎるスピードでループしても無駄になります。CPUの負荷を軽減させるためにも、フレームを描画するたびに休憩をとるのが一般的です。例えば、1秒間に10フレーム描画を行う場合は以下のようになります。

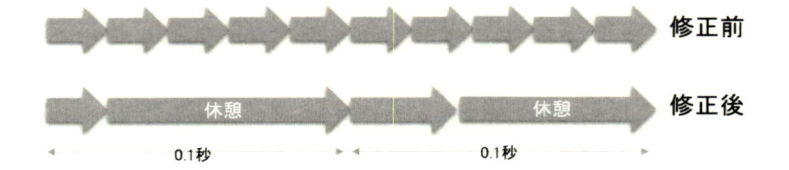

修正前

休憩　　　修正後

0.1秒　　　0.1秒

　一定のフレームレートを実現するためには、処理時間にばらつきがあった場合に、休憩時間の長さを調整する必要があることに注意してください。

　PyGameでは一定のフレームレートを実現するために適切に休憩を取る命令が用意されています。以下の例を見てください。追加したのはたった2行だけです。

```python
""" fps_test2.py """
import sys
import pygame
from pygame.locals import QUIT


pygame.init()
SURFACE = pygame.display.set_mode((400, 300))
FPSCLOCK = pygame.time.Clock()


def main():
    """ main routine """
    sysfont = pygame.font.SysFont(None, 36)
    counter = 0
    while True:
        for event in pygame.event.get():
            if event.type == QUIT:
                pygame.quit()
                sys.exit()

        counter += 1
        SURFACE.fill((0, 0, 0))
        count_image = sysfont.render(
            "count is {}".format(counter), True, (225, 225, 225))
        SURFACE.blit(count_image, (50, 50))
```

```
        pygame.display.update()
        FPSCLOCK.tick(10)

if __name__ == '__main__':
    main()
```

「FPSCLOCK = pygame.time.Clock()」でクロックオブジェクトを作成し、変数 FPSCLOCKに格納しています。メインループの中に「FPSCLOCK.tick(10)」と記述すると、ちょうど1秒間に10回ループが実行されるように適切な休憩を設けてくれます。カウンタが1秒間に10増えていくことが確認できます。CPU利用率も大幅に下がっていることが確認できます。

4-3　PyGameのドキュメント

これからPyGameについて説明していきますが、本書一冊でPyGameの全てをカバーすることはできません。公式なドキュメントは以下のURLにあります。

http://www.pygame.org/docs/

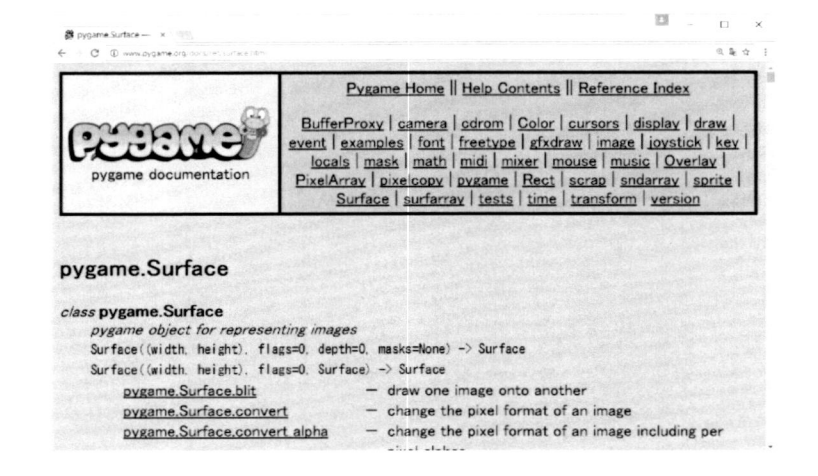

日本語に訳されたサイトも存在します。

http://westplain.sakuraweb.com/translate/pygame/

このドキュメントでは、メソッドやプロパティの説明は以下のような構成になっています。

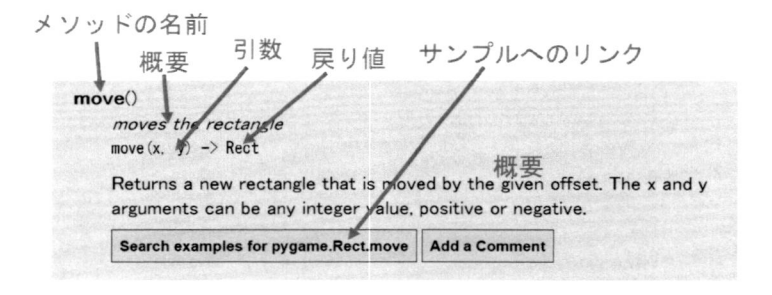

　PyGameに限らず、コンピュータ関連の情報のほとんどは英語で公開されており、日本語に訳されるのはその一部に過ぎません。自分で必要な情報を探すことも大切なスキルです。英語は苦手という人もいるかもしれませんが、これを機に英語に接することを強くお勧めします。

4-4　各種描画

　PyGameで矩形や円、図形などを描画する時は、drawクラスのメソッドを使用します。その前に座標系について確認しておきましょう。

■座標系

　これから画面にいろいろ描画していきますが、どんな内容を描くにせよ「どこに描画するか」という座標指定が必須になります。それだけに座標系を正しく理解することはとても重要です。

PCの座標系は学校で習う座標系と異なるので注意してください。

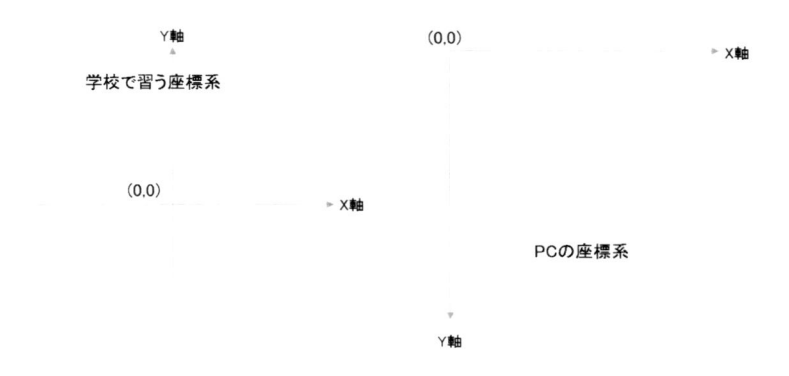

- **学校で習う座標系** = 横がX軸（右が正）、縦がY軸（上が正）、中央が原点
- **パソコンの座標系** = 横がX軸（右が正）、縦がY軸（下が正）、画面左上が原点

今後はPCの座標系で話を進めていきます。Y軸は下が正であること、原点が画面左上（ウインドウの左上隅）であることを忘れないようにしてください。

■ Rect

PyGameで矩形（位置とサイズ）を指定する時に使用するクラスです。

※他の言語のライブラリでも矩形を扱うクラスはたくさんありますが、個人的にはPyGameのRectクラスは出色の使いやすさだと思います。

・Rectオブジェクトの作り方

以下の方法でオブジェクトを作成することができます。

```
Rect(left, top, width, height)
Rect((left, top), (width, height))
```

leftは左辺のx座標、topは上辺のy座標、widthは幅、heightは高さです。

一旦オブジェクトを作成すると、さまざまなプロパティにアクセスできます。Rectクラスで利用可能なプロパティを以下に列挙します。

```
x,y,top, left, bottom, right
topleft, bottomleft, topright, bottomright
midtop, midleft, midbottom, midright
center, centerx, centery
```

```
size, width, height,w, h
```

Rectオブジェクトを作成し、プロパティにアクセスする例を以下に示します。

```
>>> r = Rect(30, 20, 60, 40)
>>> r.center
(60, 40)
>>> r.bottomleft
(30, 60)
>>> r.width
60
>>> r.bottom
60
```

「r = Rect(30, 20, 60, 40)」がオブジェクトを作成している部分です。左辺のx座標が30、上辺のy座標が20、幅60、高さ40のRectオブジェクトを作成し、それを変数rに格納しています。

オブジェクトが作成できると、

オブジェクト. プロパティ名

のように、オブジェクトとプロパティ名をピリオドでつなぐことで、プロパティにアクセスすることができます。例えば、r.centerという記述で、オブジェクトrの中心座標(60, 40)を取得しています。また、底辺のy座標は20 + 40 = 60となりますが、r.bottomという記述で値を取得しています。

ちなみに、プロパティは値を参照するだけでなく、値を代入することも可能です。

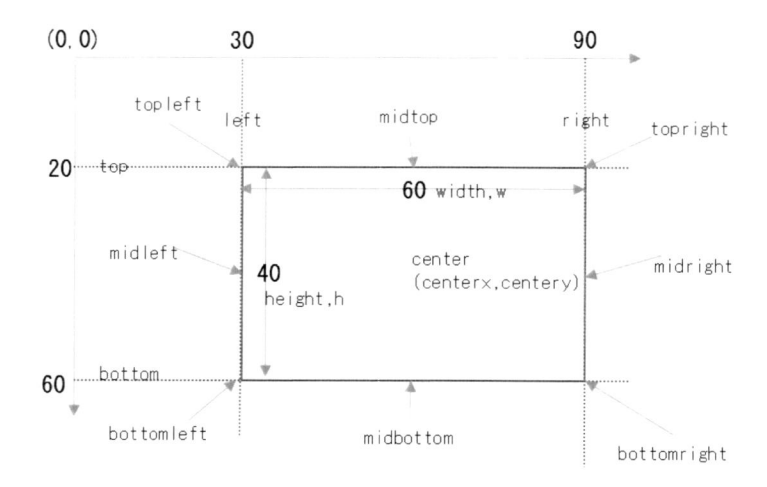

【演習】自分でRectオブジェクトを作成し、いろいろなプロパティにアクセスしてみましょう。

　Rectクラスの利点は各種プロパティにアクセスできるだけではありません。さまざまなメソッドが利用可能です。メソッドとはオブジェクトに関連付けられた関数です。詳しくは後述しますので、ここではRectクラスを操作する関数だと思ってください。Rectクラスの主なメソッドを以下に列挙します。

copy()	Rectオブジェクトを複製する
move(x, y)	(x, y)移動したRectを返す。自身は移動しない
move_ip(x, y)	自身（Rect）を(x, y)移動する
inflate(x, y)	現在値から(x, y)だけサイズ変更したRectを返す
inflate_ip(x, y)	自身のサイズを(x, y)だけ変更する
union(Rect)	自身と引数のRectを含む最小のRectを返す
contains(Rect)	引数のRectを含むか否かを返す
collidepoint(x, y)	(x,y)という点が自身に含まれるか否かを返す
colliderect(Rect)	Rectと自身に重なりがあるか否か（衝突）を返す

　メソッドを呼び出す際には、どのオブジェクトに対してメソッドを呼び出すか明確に指定する必要があります。そのため、

オブジェクト. メソッド名（引数1, 引数2, …引数n）

というように呼び出します。プロパティがオブジェクトの特徴を示す値だったのに対し、メソッドは関数を使ってオブジェクトを操作するようなイメージです。

　似たような名前のメソッドで、_ipが付いているものがあります。これはin-placeという意味で、自身が変化することを意味します。_ipが付いていないものは、自身の情報をもとにして、別のRectを作成して返します。自身は位置もサイズも変化しません。これらを混乱しないように注意してください。

```
>>> r = Rect(10, 20, 30, 40)
>>> r.move(50, 60)
<rect(60, 80, 30, 40)>
>>> r
<rect(10, 20, 30, 40)>
>>> r.move_ip(50, 60)
>>> r
<rect(60, 80, 30, 40)>
```

moveを実行してもrは変化していません。一方、move_ipを実行するとrの値が変化していることが確認できます。

　Rectクラスのメソッドを効果的に活用することで、プログラムが格段にシンプルになることも少なくありません。是非、一度ドキュメントに目を通して、どんなメソッドがあるか調べておいてください。

・矩形

　前提知識はこの程度でよいでしょう。画面に描画するにはdrawクラスのメソッドを使います。矩形を描画するメソッドrectの定義は以下の通りです。矩形を表すRect、矩形を描画するrect、紛らわしいので混乱しないように注意してください。

```
rect(Surface, color, Rect, width=0) -> Rect
Surface：描画対象となる画面（Surfaceオブジェクト）
color：色
Rect：矩形の位置とサイズ
width：線の幅（省略時は塗りつぶし）
```

```
""" draw_rect1.py """
import sys
import pygame
from pygame.locals import QUIT, Rect

pygame.init()
SURFACE = pygame.display.set_mode((400, 300))
FPSCLOCK = pygame.time.Clock()


def main():
    """ main routine """

    while True:
        for event in pygame.event.get():
            if event.type == QUIT:
                pygame.quit()
                sys.exit()
```

```python
        SURFACE.fill((255, 255, 255))

        # 赤：矩形（塗りつぶし）
        pygame.draw.rect(SURFACE, (255, 0, 0),
            (10, 20, 100, 50))

        # 赤：矩形（太さ3）
        pygame.draw.rect(SURFACE, (255, 0, 0),
            (150, 10, 100, 30), 3)

        # 緑：矩形
        pygame.draw.rect(SURFACE, (0, 255, 0),
            ((100, 80), (80, 50)))

        # 青：矩形、Rectオブジェクト
        rect0 = Rect(200, 60, 140, 80)
        pygame.draw.rect(SURFACE, (0, 0, 255), rect0)

        # 黄：矩形、Rectオブジェクト
        rect1 = Rect((30, 160), (100, 50))
        pygame.draw.rect(SURFACE, (255, 255, 0), rect1)

        pygame.display.update()
        FPSCLOCK.tick(3)

if __name__ == '__main__':
    main()
```

・円

円を描画するメソッドcircleの定義は以下の通りです。

```
circle(Surface, color, pos, radius, width=0) -> Rect
Surface：描画対象となる画面（Surface オブジェクト）
color：色
pos：中心の座標
radius：半径
width：線の幅（省略時は塗りつぶし）
```

```python
""" draw_circle.py """
import sys
import pygame
from pygame.locals import QUIT, Rect


pygame.init()
SURFACE = pygame.display.set_mode((400, 300))
FPSCLOCK = pygame.time.Clock()


def main():
    """ main routine """

    while True:
        for event in pygame.event.get():
            if event.type == QUIT:
                pygame.quit()
```

```python
            sys.exit()

        SURFACE.fill((255, 255, 255))

        # 赤：塗りつぶし
        pygame.draw.circle(SURFACE, (255, 0, 0),
            (50, 50), 20)
        # 赤：太さ10
        pygame.draw.circle(SURFACE, (255, 0, 0),
            (150, 50), 20, 10)

        # 緑：半径10
        pygame.draw.circle(SURFACE, (0, 255, 0),
            (50, 150), 10)
        # 緑：半径20
        pygame.draw.circle(SURFACE, (0, 255, 0),
            (150, 150), 20)
        # 緑：半径30
        pygame.draw.circle(SURFACE, (0, 255, 0),
            (250, 150), 30)

        pygame.display.update()
        FPSCLOCK.tick(3)

if __name__ == '__main__':
    main()
```

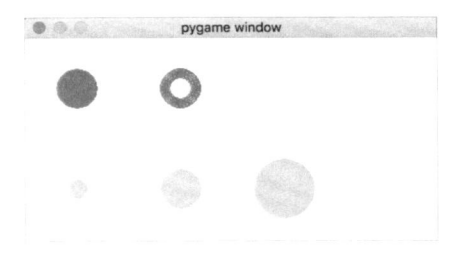

・楕円

楕円の描画は以下のメソッドで行います。中心と半径ではなく、楕円に外接する矩形を指定することで座標を指定します。正方形を指定すれば円になります。

```
ellipse(Surface, color, Rect, width=0) -> Rect
Surface：描画対象となる画面（Surface オブジェクト）
color：色
Rect：楕円に外接する矩形の位置とサイズ
width：線の幅（省略時は塗りつぶし）
```

```python
""" draw_ellipse.py """
import sys
import pygame
from pygame.locals import QUIT, Rect

pygame.init()
SURFACE = pygame.display.set_mode((400, 250))
FPSCLOCK = pygame.time.Clock()

def main():
    """ main routine """

    while True:
        for event in pygame.event.get():
            if event.type == QUIT:
                pygame.quit()
                sys.exit()

        SURFACE.fill((255, 255, 255))

        # 赤
        pygame.draw.ellipse(SURFACE, (255, 0, 0),
            (50, 50, 140, 60))
        pygame.draw.ellipse(SURFACE, (255, 0, 0),
```

```
        (250, 30, 90, 90))

    # 緑
    pygame.draw.ellipse(SURFACE, (0, 255, 0),
        (50, 150, 110, 60), 5)
    pygame.draw.ellipse(SURFACE, (0, 255, 0),
        ((250, 130), (90, 90)), 20)

    pygame.display.update()
    FPSCLOCK.tick(3)

if __name__ == '__main__':
    main()
```

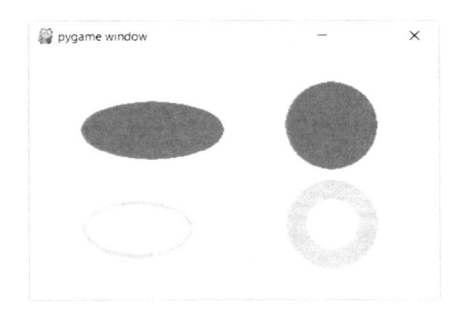

・線

線は以下のメソッドで描画します。

```
line(Surface, color, start_pos, end_pos, width=1) -> Rect
Surface：描画対象となる画面（Surface オブジェクト）
color：色
start_pos：始点
end_pos：終点
width：線の幅
```

```
""" draw_line1.py """
```

```python
import sys
import pygame
from pygame.locals import QUIT

pygame.init()
SURFACE = pygame.display.set_mode((400, 220))
FPSCLOCK = pygame.time.Clock()

def main():
    """ main routine """

    while True:
        for event in pygame.event.get():
            if event.type == QUIT:
                pygame.quit()
                sys.exit()

        SURFACE.fill((255, 255, 255))

        # 赤：横線
        pygame.draw.line(SURFACE, (255, 0, 0), (10, 80),
            (200, 80))

        # 赤：横線（太さ15）
        pygame.draw.line(SURFACE, (255, 0, 0), (10, 150),
            (200, 150), 15)

        # 緑：縦線
        pygame.draw.line(SURFACE, (0, 255, 0), (250, 30),
            (250, 200))

        # 青：斜線（太さ10）
        start_pos = (300, 30)
        end_pos = (380, 200)
```

```
        pygame.draw.line(SURFACE, (0, 0, 255),
            start_pos, end_pos, 10)

        pygame.display.update()
        FPSCLOCK.tick(3)

if __name__ == '__main__':
    main()
```

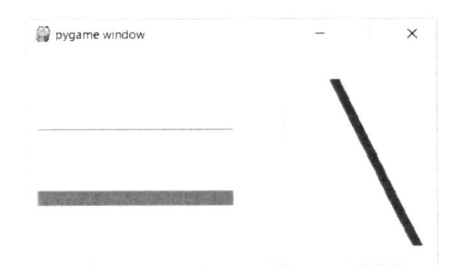

for文と組み合わせると格子状の模様が簡単に描画できます。

```
""" draw_line2.py """
import sys
import pygame
from pygame.locals import QUIT

pygame.init()
SURFACE = pygame.display.set_mode((400, 300))
FPSCLOCK = pygame.time.Clock()

def main():
    """ main routine """

    while True:
        for event in pygame.event.get():
```

```python
            if event.type == QUIT:
                pygame.quit()
                sys.exit()

        SURFACE.fill((0, 0, 0))

        # 白：縦線
        for xpos in range(0, 400, 25):
            pygame.draw.line(SURFACE, 0xFFFFFF,
                (xpos, 0), (xpos, 300))

        # 白：横線
        for ypos in range(0, 300, 25):
            pygame.draw.line(SURFACE, 0xFFFFFF,
                (0, ypos), (400, ypos))

        pygame.display.update()
        FPSCLOCK.tick(3)

if __name__ == '__main__':
    main()
```

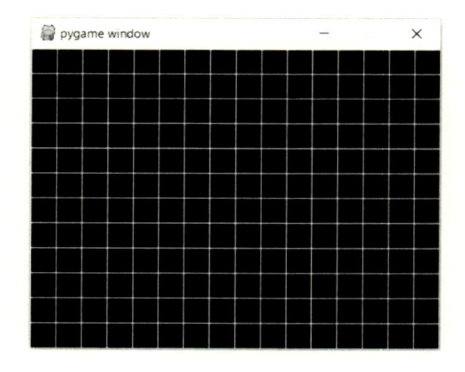

　lineは2点間を結ぶ1本の直線を引くメソッドでした。linesメソッドを使うと複数の点を結ぶ線を描画することができます。

```
lines(Surface, color, closed, pointlist, width=1) -> Rect
Surface：描画対象となる画面（Surfaceオブジェクト）
color：色
closed：最初の点を最後の点を結ぶか否か
pointlist：点のリスト
width：線の幅


""" draw_lines0.py """
import sys
import random
import pygame
from pygame.locals import QUIT


pygame.init()
SURFACE = pygame.display.set_mode((400, 300))
FPSCLOCK = pygame.time.Clock()


def main():
    """ main routine """

    while True:
        for event in pygame.event.get():
            if event.type == QUIT:
                pygame.quit()
                sys.exit()

        SURFACE.fill((0, 0, 0))

        pointlist = []
        for _ in range(10):
            xpos = random.randint(0, 400)
            ypos = random.randint(0, 300)
            pointlist.append((xpos, ypos))
```

```
        pygame.draw.lines(SURFACE, (255, 255, 255),
            True, pointlist, 5)

        pygame.display.update()
        FPSCLOCK.tick(3)

if __name__ == '__main__':
    main()
```

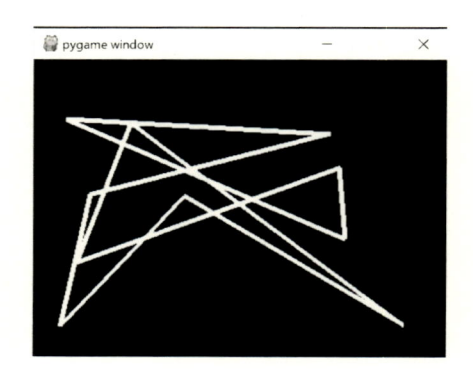

　乱数で10個の点を生成し、それらの点を線で結んでいます。

・ポリゴン

　ポリゴンとは多角形を意味する言葉です。複数の頂点を結んで複雑な形状を表現できます。ポリゴンは以下のメソッドで描画します。

```
polygon(Surface, color, pointlist, width=0) -> Rect
Surface：描画対象となる画面（Surfaceオブジェクト）
color：色
pointlist：点のリスト
width：線の幅（0の時は塗りつぶし）
```

```
""" draw_polygon.py """
import sys
from math import sin, cos, radians
import pygame
```

```python
from pygame.locals import QUIT

pygame.init()
SURFACE = pygame.display.set_mode((400, 300))
FPSCLOCK = pygame.time.Clock()

def main():
    """ main routine """

    while True:
        for event in pygame.event.get():
            if event.type == QUIT:
                pygame.quit()
                sys.exit()

        SURFACE.fill((0, 0, 0))

        pointlist0, pointlist1 = [], []
        for theta in range(0, 360, 72):
            rad = radians(theta)
            pointlist0.append((cos(rad)*100 + 100,
                sin(rad)*100 + 150))
            pointlist1.append((cos(rad)*100 + 300,
                sin(rad)*100 + 150))

        pygame.draw.lines(SURFACE, (255, 255, 255),
            True, pointlist0)
        pygame.draw.polygon(SURFACE, (255, 255, 255),
            pointlist1)

        pygame.display.update()
        FPSCLOCK.tick(30)

if __name__ == '__main__':
```

```
main()
```

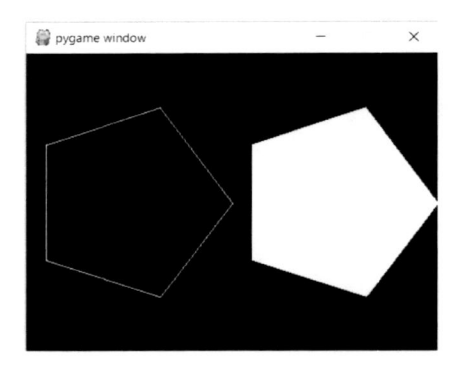

■画像

　「線や円の描画」と「画像や文字の描画」は大きく異なります。線や円は座標や大きさを指定するだけで、その結果が画面に提示されます。一方、画像や文字はたくさんの点の集合です。線や円のような命令で描画できる内容ではありません。そこで、画像や文字はいったんSurfaceという領域に描画を行い、そのSurfaceを画面にコピーするという手順で表示が行われます。

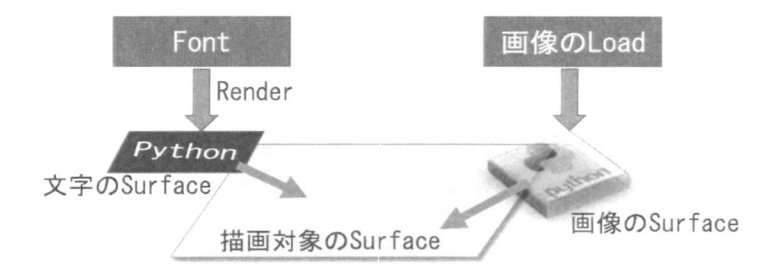

　画像ファイルをロードするメソッドは以下の通りです。

```
load(filename) -> Surface
filename：画像ファイル
```

　戻り値としてSurfaceオブジェクトが返されます。画面全体を表す別のSurfaceに、このSurfaceをコピーすることで描画が行われます。Surfaceのコピーはblit命令で行います。

```
blit(source, dest, area=None, special_flags = 0) -> Rect
source：コピー元となるSurface
```

dest：コピーする座標（左上）

area：コピーする領域（一部のみ描画する時）

special_flags：コピー時の演算方法

　blitはコピー先のオブジェクトのメソッドです。コピー先とコピー元の関係は以下のように
なります。

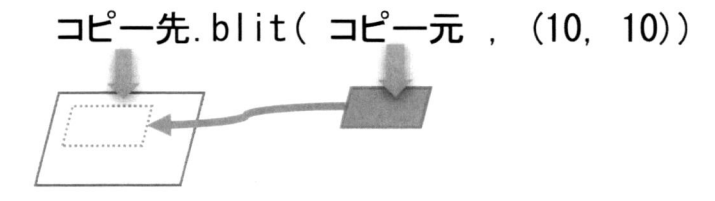

コピー先とコピー元が両方ともSurfaceオブジェクトなので混乱しないよう注意してください。

```python
""" draw_image1.py """
import sys
import pygame
from pygame.locals import QUIT

pygame.init()
SURFACE = pygame.display.set_mode((400, 300))
FPSCLOCK = pygame.time.Clock()

def main():
    """ main routine """
    logo = pygame.image.load("pythonlogo.jpg")

    while True:
        for event in pygame.event.get():
            if event.type == QUIT:
                pygame.quit()
                sys.exit()

        SURFACE.fill((225, 225, 225))
```

```python
        # 左上が(20,50)の位置にロゴを描画
        SURFACE.blit(logo, (20, 50))

        pygame.display.update()
        FPSCLOCK.tick(30)

if __name__ == '__main__':
    main()
```

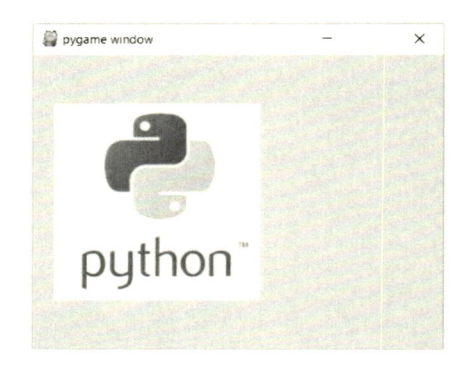

■画像（サブリージョン）

blitの引数に領域を指定することで元の画像の一部分だけを描画することも可能です。

```python
""" draw_image_subregion1.py """
import sys
import pygame
from pygame.locals import QUIT, Rect

pygame.init()
SURFACE = pygame.display.set_mode((400, 200))
FPSCLOCK = pygame.time.Clock()

def main():
    """ main routine """
```

```python
    logo = pygame.image.load("pythonlogo.jpg")

    while True:
        for event in pygame.event.get():
            if event.type == QUIT:
                pygame.quit()
                sys.exit()

        SURFACE.fill((225, 225, 225))
        SURFACE.blit(logo, (0, 0))
        SURFACE.blit(logo, (250, 50), Rect(50, 50, 100, 100))

        pygame.display.update()
        FPSCLOCK.tick(30)

if __name__ == '__main__':
    main()
```

後半のゲームでは以下のような画像を使用します。この画像を使って複数のキャラクタを描画するサンプルを以下に示します。

```python
""" draw_image_subregion2.py """
import sys
import pygame
```

```python
from pygame.locals import QUIT, Rect, KEYDOWN, K_LEFT, K_RIGHT

pygame.init()
pygame.key.set_repeat(5, 5)
SURFACE = pygame.display.set_mode((300, 200))
FPSCLOCK = pygame.time.Clock()


def main():
    """ main routine """
    strip = pygame.image.load("strip.png")
    images = []
    for index in range(9):
        image = pygame.Surface((24, 24))
        image.blit(strip, (0, 0), Rect(index * 24, 0, 24, 24))
        images.append(image)

    counter = 0
    pos_x = 100
    while True:
        for event in pygame.event.get():
            if event.type == QUIT:
                pygame.quit()
                sys.exit()
            elif event.type == KEYDOWN:
                if event.key == K_LEFT:
                    pos_x -= 5
                elif event.key == K_RIGHT:
                    pos_x += 5

        SURFACE.fill((0, 0, 0))

        SURFACE.blit(images[counter % 2 + 0], (50, 50))
        SURFACE.blit(images[counter % 2 + 2], (100, 50))
        SURFACE.blit(images[counter % 2 + 4], (150, 50))
```

```
        SURFACE.blit(images[counter % 2 + 6], (200, 50))
        counter += 1

        SURFACE.blit(images[8], (pos_x, 150))

        pygame.display.update()
        FPSCLOCK.tick(5)

if __name__ == '__main__':
    main()
```

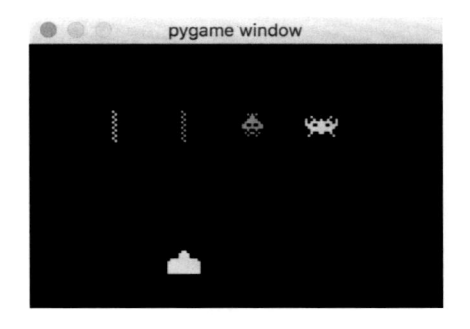

　プログラムの前半部分でstrip.pngから一部の領域を切り取ってimageに格納し、そのimageをSurfaceにコピーしています。

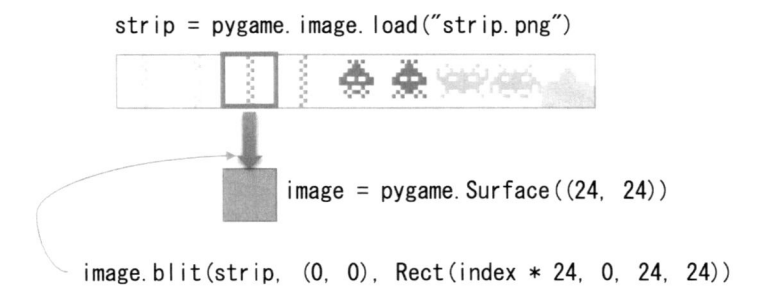

　後半部分では、複数のSurfaceを切り替えて描画することで、アニメーション的な効果を演出しています。左右キーで自機を移動させていますが、イベント処理についてはもう少しあとで詳しく説明します。

■画像（回転）

画像を回転するにはtransformクラスのrotateメソッドを使います。戻り値は新しい画像のSurfaceオブジェクトです。

```
rotate(Surface, angle) -> Surface
Surface：回転対象となるSurface
angle：回転角
```

画像を回転して描画するには、一旦回転した画像を作成し、その画像をblitでコピーするという手順を踏みます。

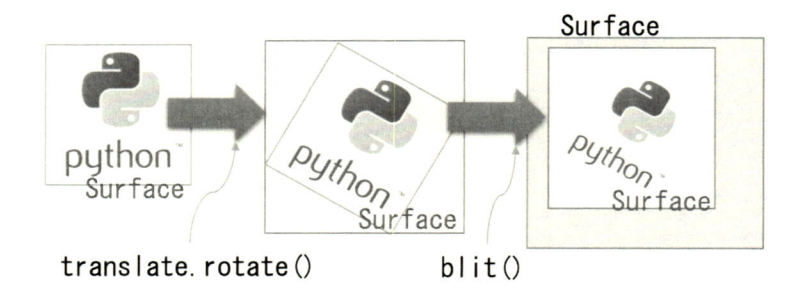

画像が回転するサンプルを以下に示します。

```
""" draw_image3.py """
import sys
import pygame
from pygame.locals import QUIT


pygame.init()
SURFACE = pygame.display.set_mode((400, 300))
FPSCLOCK = pygame.time.Clock()


def main():
    """ main routine """
    logo = pygame.image.load("pythonlogo.jpg")
    theta = 0
```

```
    while True:
        for event in pygame.event.get(QUIT):
            pygame.quit()
            sys.exit()


        theta += 1


        SURFACE.fill((225, 225, 225))


        # ロゴを回転し、左上が(100, 30)の位置にロゴを描画
        new_logo = pygame.transform.rotate(logo, theta)
        SURFACE.blit(new_logo, (100, 30))


        pygame.display.update()
        FPSCLOCK.tick(30)

if __name__ == '__main__':
    main()
```

　ここで注目してほしいのは「回転することで画像の縦横サイズが変化する」ということです。このため、画像の左上座標を固定して描画すると、画像の回転の中心がずれてしまいます。

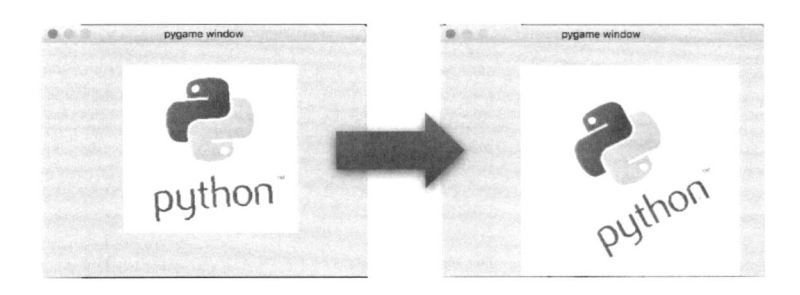

　ゲームによっては、画像の中心を軸に回転したいことが少なくありません。画像の中心を軸として回転するコードを以下に示します。

```
""" draw_image4.py """
import sys
import pygame
```

```python
from pygame.locals import QUIT

pygame.init()
SURFACE = pygame.display.set_mode((400, 300))
FPSCLOCK = pygame.time.Clock()

def main():
    """ main routine """
    logo = pygame.image.load("pythonlogo.jpg")
    theta = 0

    while True:
        for event in pygame.event.get(QUIT):
            pygame.quit()
            sys.exit()

        theta += 1

        SURFACE.fill((225, 225, 225))

        # ロゴを回転し、中心が(200, 150)の位置にロゴを描画
        new_logo = pygame.transform.rotate(logo, theta)
        rect = new_logo.get_rect()
        rect.center = (200, 150)
        SURFACE.blit(new_logo, rect)

        pygame.display.update()
        FPSCLOCK.tick(30)

if __name__ == '__main__':
    main()
```

　キーとなるのは以下の4行です。transform.rotateで回転後の画像を作成します。この画像の占める矩形をget_rect()メソッドで取得します。この矩形のプロパティに中心軸の座標を設定

し、その Rect を第2引数に指定して blit を呼び出します。

```
new_logo = pygame.transform.rotate(logo, theta)
rect = new_logo.get_rect()
rect.center = (200, 150)
SURFACE.blit(new_logo, rect)
```

このような手順を踏むことで、画像の中心を軸に回転できるようになります。

■文字

文字の描画は画像の描画に似ています。font オブジェクトを作成し、その render メソッドを使って文字のビットマップ（Surface）を作成し、画像と同じように blit を使って画面にコピーします。

フォントの作成は SysFont 命令を使います。戻り値は Font オブジェクトです。

```
pygame.font.SysFont(name, size, bold=False, italic=False) -> Font
name：フォント名、デフォルトフォントを使用する場合は None を指定
size：フォントサイズ
bold：太字か否か、省略時は False
italic：イタリックか否か、省略時は False
```

フォントの描画には render メソッドを使用します。戻り値は Surface オブジェクトです。

```
render(text, antialias, color, background=None) -> Surface
text：描画するテキスト
antialias：アンチエイリアス（輪郭をスムーズに）
color：色
background：背景色
```

```
""" draw_text1.py """
import sys
import pygame
from pygame.locals import QUIT


pygame.init()
```

```python
SURFACE = pygame.display.set_mode((400, 200))
FPSCLOCK = pygame.time.Clock()

def main():
    sysfont = pygame.font.SysFont(None, 72)
    message = sysfont.render("Hello Python", True,
        (0, 128, 128))
    message_rect = message.get_rect()
    message_rect.center = (200, 100)

    while True:
        for event in pygame.event.get():
            if event.type == QUIT:
                pygame.quit()
                sys.exit()

        SURFACE.fill((255, 255, 255))
        SURFACE.blit(message, message_rect)
        pygame.display.update()
        FPSCLOCK.tick(3)

if __name__ == '__main__':
    main()
```

描画された結果は文字ですが、Surfaceの扱いは画像と変わりません。画像と同じように回転することができます。回転とズームを同時に行うrotozoomメソッドを使ってみましょう。

```
rotozoom(Surface, angle, scale) -> Surface
Surface：回転とズームを行うSurface
angle：回転角
scale：ズーム倍率
```

```python
""" draw_text2.py """
import sys
import pygame
from pygame.locals import QUIT

pygame.init()
SURFACE = pygame.display.set_mode((400, 300))
FPSCLOCK = pygame.time.Clock()


def main():
    sysfont = pygame.font.SysFont(None, 72)
    message = sysfont.render("Hello Python",
        True, (0, 128, 128))
    message_rect = message.get_rect()
    theta = 0
    scale = 1
    while True:
        for event in pygame.event.get():
            if event.type == QUIT:
                pygame.quit()
                sys.exit()

        SURFACE.fill((255, 255, 255))
        theta += 5
        scale = (theta % 360) / 180
        tmp_msg = pygame.transform.rotozoom(message,
```

```
        theta, scale)
    tmp_rect = tmp_msg.get_rect()
    tmp_rect.center = (200, 150)
    SURFACE.blit(tmp_msg, tmp_rect)
    pygame.display.update()
    FPSCLOCK.tick(10)

if __name__ == '__main__':
    main()
```

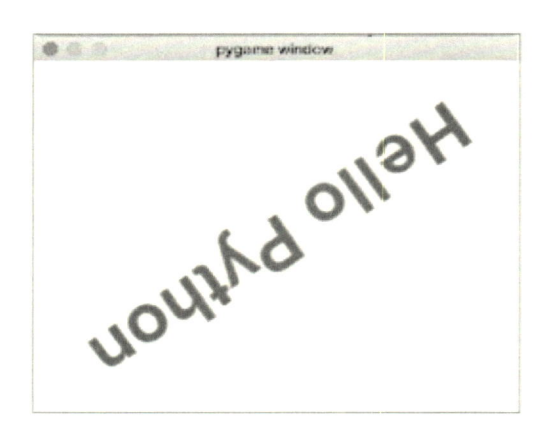 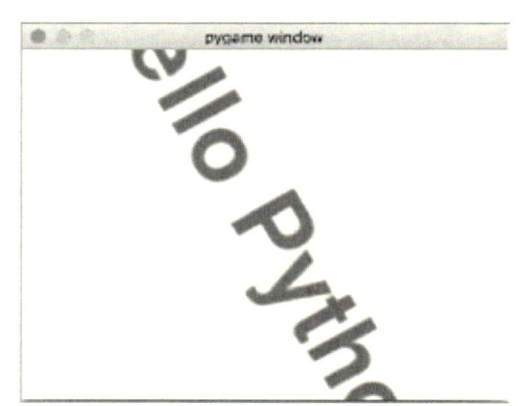

■イベント

ゲームでは何らかの入力を行います。ここではpygameを使ってイベントを処理する方法を見ていきましょう。全てのイベントはイベントキューから取り出しますが、そのtypeプロパティを見ることでイベントの種類を区別することが可能です。

・マウスクリック

マウスの押下はMOUSEBUTTONDOWNです。以下はクリックした場所に点を描画するサンプルです。

```
""" draw_circle_onclick.py """
import sys
import pygame
from pygame.locals import QUIT, MOUSEBUTTONDOWN
```

```python
pygame.init()
SURFACE = pygame.display.set_mode((400, 300))
FPSCLOCK = pygame.time.Clock()


def main():
    """ main routine """
    mousepos = []

    while True:
        SURFACE.fill((255, 255, 255))

        for event in pygame.event.get():
            if event.type == QUIT:
                pygame.quit()
                sys.exit()
            elif event.type == MOUSEBUTTONDOWN:
                mousepos.append(event.pos)

        for i, j in mousepos:
            pygame.draw.circle(SURFACE, (0, 255, 0), (i, j), 5)

        pygame.display.update()
        FPSCLOCK.tick(10)

if __name__ == '__main__':
    main()
```

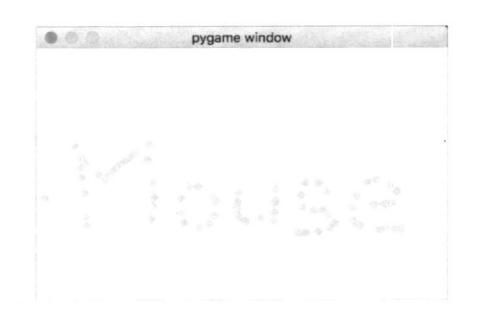

　マウスの座標はevent.posで取得できます。この値は（x、y）からなるタプルです。append
メソッドを使って、そのタプルをリストmouseposに追加します。あとはfor文で1つ1つ座標
を取り出し、circleで円を描画しています。for文では1つのタプルを2つの変数に一括して取り
出していることに注目してください。

circleの第3引数は座標であればよいので、以下のようにしても同じ結果となります。

```
for pos in mousepos:
    pygame.draw.circle(SURFACE, (0, 255, 0), pos, 5)
```

・マウスの移動

　マウスの押下はMOUSEBUTTONDOWN、マウスの移動はMOUSEMOTION、マウスのリ
リースはMOUSEBUTTONUPです。これらのイベントを使ってマウスの軌跡を描画します。

```
""" draw_line_onmousemove.py """
import sys
import pygame
from pygame.locals import QUIT,\
    MOUSEBUTTONDOWN, MOUSEMOTION, MOUSEBUTTONUP

pygame.init()
SURFACE = pygame.display.set_mode((400, 300))
FPSCLOCK = pygame.time.Clock()

def main():
    """ main routine """
    mousepos = []
```

```python
        mousedown = False

    while True:
        for event in pygame.event.get():
            if event.type == QUIT:
                pygame.quit()
                sys.exit()
            elif event.type == MOUSEBUTTONDOWN:
                mousedown = True
            elif event.type == MOUSEMOTION:
                if mousedown:
                    mousepos.append(event.pos)
            elif event.type == MOUSEBUTTONUP:
                mousedown = False
                mousepos.clear()

        SURFACE.fill((255, 255, 255))
        if len(mousepos) > 1:
            pygame.draw.lines(SURFACE, (255, 0, 0),
                False, mousepos)

        pygame.display.update()
        FPSCLOCK.tick(10)

if __name__ == '__main__':
    main()
```

　MOUSEBUTTONDOWNでmousedownをTrueに、MOUSEBUTTONUPでmousedownをFalseにします。これによりmousedownがTrueの時はマウスが押されていることになります。マウス押下中にマウスが移動したら「mousepos.append(event.pos)」で、その座標をリストに保存します。座標の個数が2個以上になった時にlinesメソッドで軌跡を描画します。

```
lines(Surface, color, closed, pointlist, width=1) -> Rect
Surface：描画対象となるSurface
color：色
closed：始点と終点を結ぶか否か
pointlist：座標のリスト
width：線の幅
```

ちなみに、より滑らかな線を描画するために以下のメソッドも用意されています。

```
aalines(Surface, color, closed, pointlist, blend=1) -> Rect
Surface：描画対象となるSurface
color：色
closed：始点と終点を結ぶか否か
pointlist：座標のリスト
blend：ブレンドするか否か
```

　最後の引数blendをTrueにすると単なる上書きではなく、ブレンドした状態での描画が行われます。

・キーの押下

　キーの押下はKEYDOWNイベントで判別します。どのキーが押下されたかは、イベントのkeyプロパティを見ればわかります。キーコードはpygame.localsで定義されています。

```python
""" draw_image_onkeydown.py """
import sys
import pygame
from pygame.locals import QUIT, KEYDOWN, \
    K_LEFT, K_RIGHT, K_UP, K_DOWN

pygame.init()
pygame.key.set_repeat(5, 5)
SURFACE = pygame.display.set_mode((400, 300))
FPSCLOCK = pygame.time.Clock()


def main():
    """ main routine """
    logo = pygame.image.load("pythonlogo.jpg")
    pos = [200, 150]
    while True:
        for event in pygame.event.get():
            if event.type == QUIT:
                pygame.quit()
                sys.exit()
            elif event.type == KEYDOWN:
                if event.key == K_LEFT:
                    pos[0] -= 5
                elif event.key == K_RIGHT:
                    pos[0] += 5
                elif event.key == K_UP:
                    pos[1] -= 5
                elif event.key == K_DOWN:
                    pos[1] += 5

        pos[0] = pos[0] % 400
        pos[1] = pos[1] % 300

        SURFACE.fill((225, 225, 225))
```

```
        rect = logo.get_rect()
        rect.center = pos
        SURFACE.blit(logo, rect)

        pygame.display.update()
        FPSCLOCK.tick(30)

if __name__ == '__main__':
    main()
```

　上下左右キーの押下に応じてロゴが移動します。

「pygame.key.set_repeat(5, 5)」は、キーを押しっ放しにした時にイベントを定期的に
発生させるためのものです。

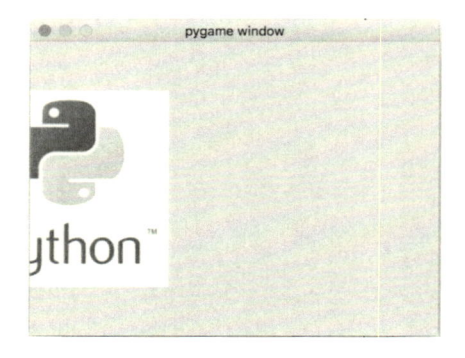

　今回のコードのポイントは以下の箇所です。

```
        elif event.type == KEYDOWN:
            if event.key == K_LEFT:
                pos[0] -= 5
            elif event.key == K_RIGHT:
                pos[0] += 5
            elif event.key == K_UP:
                pos[1] -= 5
            elif event.key == K_DOWN:
                pos[1] += 5
```

event.typeがKEYDOWNであれば、キーが押下されたことになります。その時はどのキーが押下されたかevent.keyを調べます。その値に応じて、画像の中心座標posを増減しています。以下のコードは画像の端に到達した時に、反対側から折り返すための処理です。

```
pos[0] = pos[0] % 400
pos[1] = pos[1] % 300
```

■画面の再描画

　ここまでいろいろな描画命令について見てきました。全てのサンプルで共通していることですが、

　・画面全体をクリア（背景色で塗りつぶし）
　・対象となる要素を全て描画

という処理をフレーム毎に繰り返していました。フレーム毎に背景を塗りつぶさないと、前のフレームで描画した内容が残ってしまうからです。

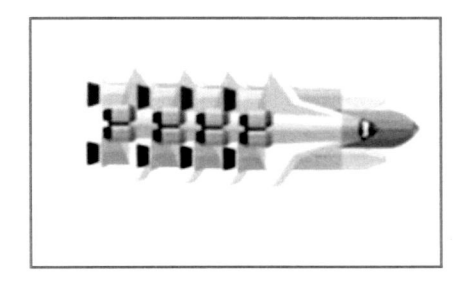

【演習】今までのサンプルでSURFACE.fill((…))を削除して実行してみましょう。

　しかし、画面上で変化する描画内容が少ない場合、フレーム毎に描き直すのは無駄な作業です。移動があった個所のみを覚えておき、そこだけを書き直すという処理を行うと処理効率が向上する可能性があります。しかしながら、今回掲載したサンプルでは簡潔さを優先したかったので、フレーム毎に背景をクリアする手法をとることにしました。

第5章　その他押さえておきたい事項

　ゲームでは角度を扱うことがたくさんあります。そんな時に便利なのが三角関数です。三角関数の応用範囲はとても広いため、是非とも習得しておきましょう。また、プログラムが何の問題もなく動作することはまずありません。必ず修正作業が必要になります。そんな時に頼りになるのがデバッガです。本章では、三角関数の基礎、不具合を特定するツール「デバッガ」の使い方など、ぜひとも押さえておきたい事項について説明します。

5-1　三角関数の基礎

　ゲームでは三角関数 sin/cos をよく利用します。ある物体が向きと大きさをもって移動する時、角度とスピードで管理する方がシンプルです。しかし、描画する時には x、y 座標に変換する必要があります。角度とスピードから x、y 座標に変換する時に三角関数を使用します。ここでは基本的な説明に留めます。具体的な使用方法は各ゲームの解説を参照してください。

■ラジアン

　算数や数学の世界では1周は360度です。いろんな人数でも等分できるように1周が360度になったなど諸説あるようです。「何を当たり前のことを」と感じるかもしれませんが、コンピュータの世界では1周が360度とは限りません。逆に、360度ではなく 2π とすることが一般的です。この単位のことをラジアンといいます。

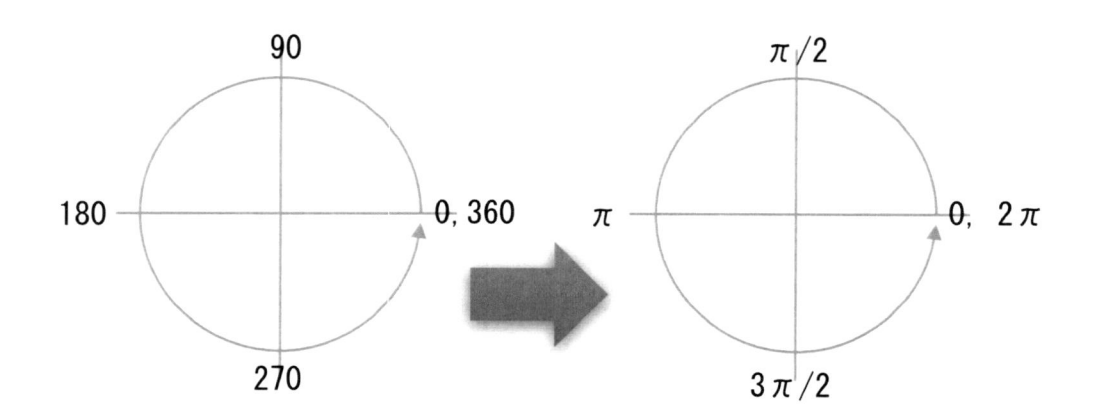

慣れ親しんだ360度からラジアンへの変換は面倒に感じるかもしれませんが、Python には変換

を行うための関数が用意されています。

ラジアン＝math.radians(度)

次に説明するsin/cosでは、引数の角度をラジアン単位で与える必要があります。慣れるまでは「math.radians(度)を使って度をラジアンに変換すればよい」と覚えてしまって問題ありません。

■ sin/cos

sin/cosといった三角関数は高校数学の範囲です。難しそうに聞こえるかもしれませんが、本書で扱う内容はとてもシンプルです。単に向きと大きさを持った値をx軸y軸成分に変換するだけです。

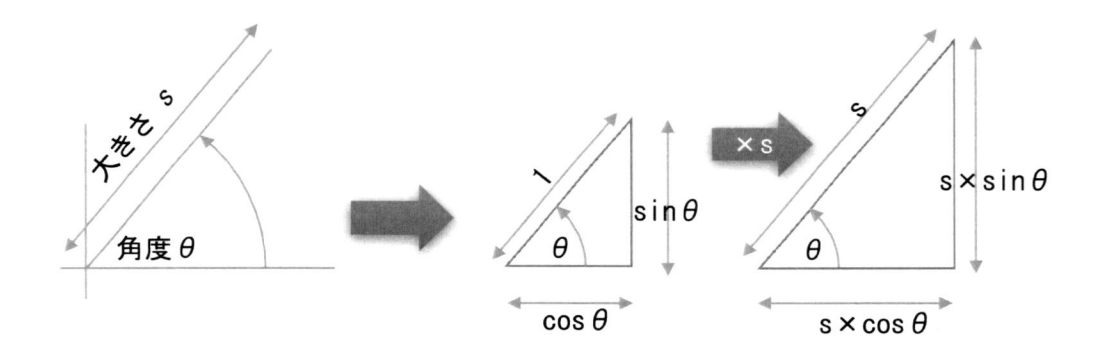

ある大きさs、向きがθの動きがあったとします。これをx軸方向、y軸方向成分に分解する時に三角関数が活躍します。大きさが1の時、x軸方向は$\cos \theta$、y軸方向は$\sin \theta$となります。大きさがsになった場合、x軸もy軸もs倍すればよいだけです。

三角関数を使った例を見てみましょう。

```
""" draw_lines1.py """
import sys
from math import sin, cos, radians
import pygame
from pygame.locals import QUIT


pygame.init()
SURFACE = pygame.display.set_mode((400, 300))
```

```python
FPSCLOCK = pygame.time.Clock()


def main():
    """ main routine """

    while True:
        for event in pygame.event.get():
            if event.type == QUIT:
                pygame.quit()
                sys.exit()

        SURFACE.fill((0, 0, 0))

        pointlist0, pointlist1 = [], []
        for theta in range(0, 720, 144):
            rad = radians(theta)
            pointlist0.append((cos(rad)*100 + 100,
                sin(rad)*100 + 150))
            pointlist1.append((cos(rad)*100 + 300,
                sin(rad)*100 + 150))

        pygame.draw.lines(SURFACE, (255, 255, 255),
            True, pointlist0, 5)
        pygame.draw.aalines(SURFACE, (255, 255, 255),
            True, pointlist1)

        pygame.display.update()
        FPSCLOCK.tick(3)

if __name__ == '__main__':
    main()
```

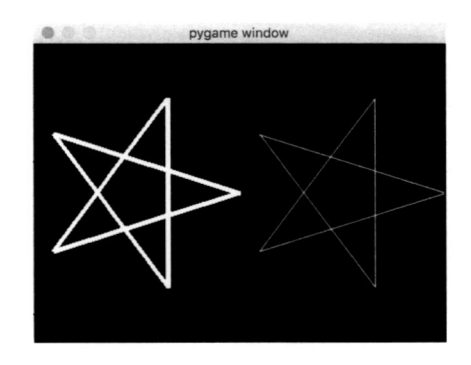

　星型を描画するには、144度ずつ回転した座標を求めて、それを順番に線で結びます。その角度の増分処理を行っているのが「for theta in range(0, 720, 144)」です。

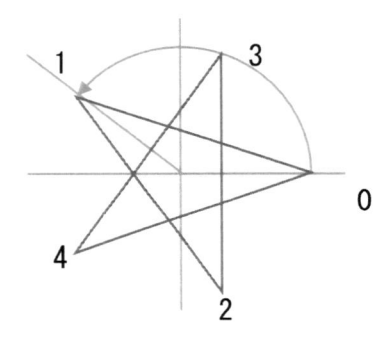

　あとは角度をラジアンに変換し、sin/cosを使って座標を求め、配列に追加しています。

```
rad = radians(theta)
pointlist0.append((cos(rad)*100 + 100, sin(rad)*100 + 150))
pointlist1.append((cos(rad)*100 + 300, sin(rad)*100 + 150))
```

　最後にlinesとaalinesを使って描画しています。

5-2　デバッグ

　「デバッガを制する者はプログラミングを制する」といっても過言ではない、そのくらいデバッガを使いこなすことは重要なスキルだと思っています。不具合を特定する時はもちろん、コードを読む時にもデバッガは利用できます。

　一旦プログラムの実行を開始してしまうと、その中で何が起きているかはわかりません。しかも一瞬で処理が終ってしまいます。意図しない動きだった場合、プログラムのソースコードを眺めるだけで原因を特定するのは非常に困難です。

そこで、デバッガの出番です。デバッガを使うと、ソースコードを1行ずつ実行できるだけでなく、その時の変数の値を調べたり、関数の呼び出し履歴をみたりすることもできます。問題箇所を特定するためには必須のツールです。

　ここでは、IDLEでデバッグを行う方法を紹介します。IDLEは非常にシンプルなので開発効率はあまり高くありません。ある程度慣れてきたらいろいろな開発環境を試してみることをお勧めします。

　デバッグの基本的な操作や考え方はどのツールでも同じです。基本的な考え方を押さえておけば、他の開発環境もすぐに習得できるはずです。

　まず、デバッグ作業において大切なキーワードを列挙します。

・ブレークポイント

　プログラムの実行を一時的に止める場所のことをブレークポイントと呼びます。

・ステップ実行

　プログラムを少しずつ実行する方法です。関数の実行方法に応じて3つの方法があります。

**　・ステップイン**

　　次の命令を実行します。次の命令が関数の場合、その関数の先頭に移動します。

**　・ステップオーバー**

　　次の命令を実行します。次の命令が関数の場合、その関数を実行して次の処理に移動します。

**　・ステップアウト**

　　今の関数の残りを全て実行し、その呼び出し元に移動します。

・コールスタック

　どのような関数を実行して現在の状況にたどり着いたかという実行履歴です。

・ローカル変数

　現在実行中の関数内部で宣言された変数です。デバッガにはこの値を見る機能があります。

・グローバル変数

　グローバルで宣言された変数です。デバッガにはこの値を見る機能があります。

　デバッガも手を動かして覚えるのが一番です。以下のような簡単なプログラムを使って、これらの機能を試してみましょう。

```python
""" debug_test0.py """
def add(a, b):
    c = a + b
    return c
```

```
def main():
    x = 3
    y = 5
    z = add(x, y)
    print(z)

if __name__ == '__main__':
    main()
```

■macOSの場合

⑴ ターミナルを起動し、そこから「idle3」と入力してIDLEを起動します。

⑵ 「Debug」メニューから「Debugger」を選択します。

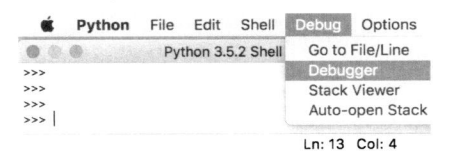

⑶ Debugコントロールが表示されるので、全てのチェックボックスをONにします。

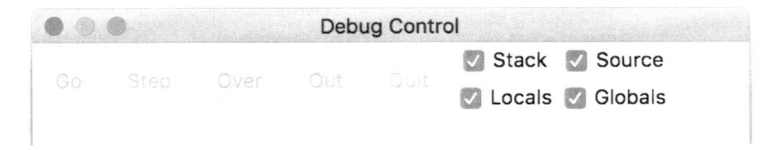

(4) ファイルを開いて実行すると、以下のような画面になります。

　ソースコードが表示されているウインドウから実行してください。デバッグがONになっているので先頭の行で実行が止まった状態になります。そこからステップインボタン「Step」を押してください。以下の図のように1行ずつコードが実行されていくのがわかります。

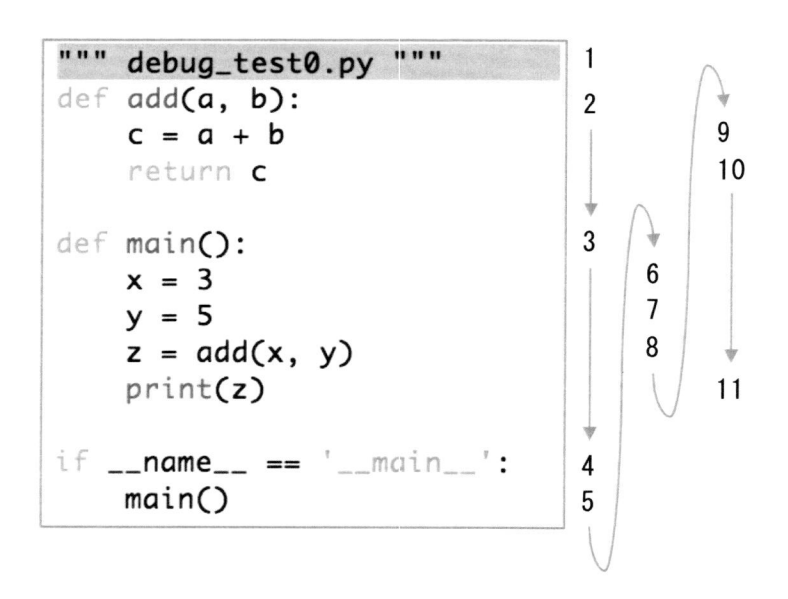

　たったこれだけでもいろいろなことがわかります。

・ステップ2や3のように、関数の宣言は上から順番に処理されること（その時点でaddやmainは実行されていないことに注意）

・ステップ4のif文がグローバルコードで、ステップ5から実際の処理であるmain関数が開始されること

・ステップ6、7、8といったmain関数の実行時にはデバッグウインドウのローカル変数領域にx, y, zといった変数の値が表示されること

・add関数実行時には関数内のローカル変数が表示されると同時に、コールスタックに関数の呼び出し履歴が表示されていること

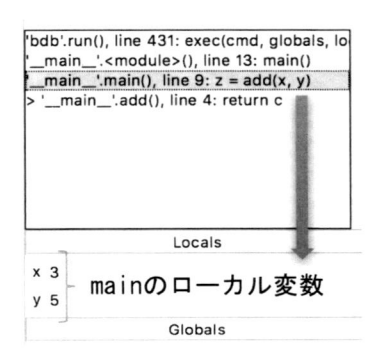
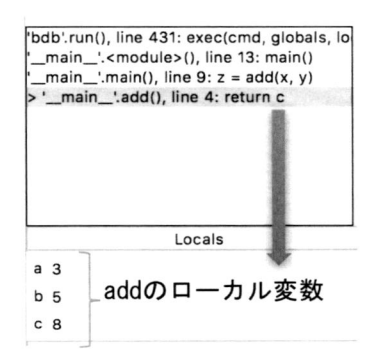

　コールスタックを切り替えると、そのスコープのローカル変数の値を表示できることにも注目してください。

　グローバル変数表示領域にはグローバル変数に関する情報が表示されていること。今回のサンプルプログラムではグローバル変数を活用していませんが、addやmainといった関数もグローバルで定義されていることがわかります。

　ステップアウトボタン「Out」で現在実行中の関数の処理を全て行って呼び出し元に戻ること、関数の呼び出し時にステップオーバーボタン「Over」で関数の実行できること、などいろいろと試してみてください。

　プログラムが短ければ全てステップ実行でもよいかもしれませんが、規模が大きかったり、ループを多用したりするプログラムの場合は、ブレークポイントが欠かせません。以下は100までの数値の合計を求めるコードです。ステップ実行をするとループを100回繰り返さなくてはなりません。

```python
""" debug_test1.py """
def main():
    total = 0
    for index in range(100):
```

```
        total += index
    print(total)


if __name__ == '__main__':
    main()
```

そこで、実行を停止したい文にブレークポイントを設定します。ここではprint文にカーソルを移動し、そこで右クリックして、コンテキストメニューから「Set Breakpoint」を選びます。

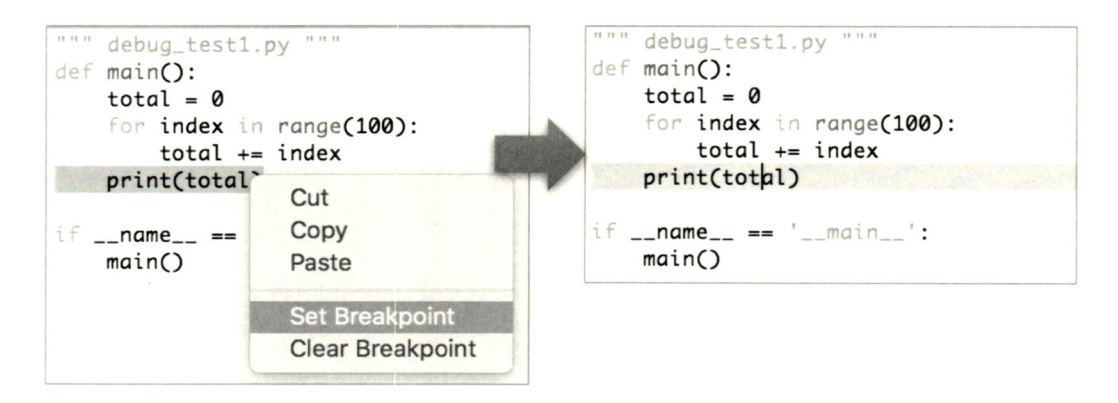

ブレークポイントが設定された箇所がハイライト表示されます。この状態でデバッグを開始します。デバッガが設定されているので最初の行で実行が停止しています。この状態で「Go」ボタンを押下すると実行が開始され、ブレークポイントを設定した箇所で実行が停止します。

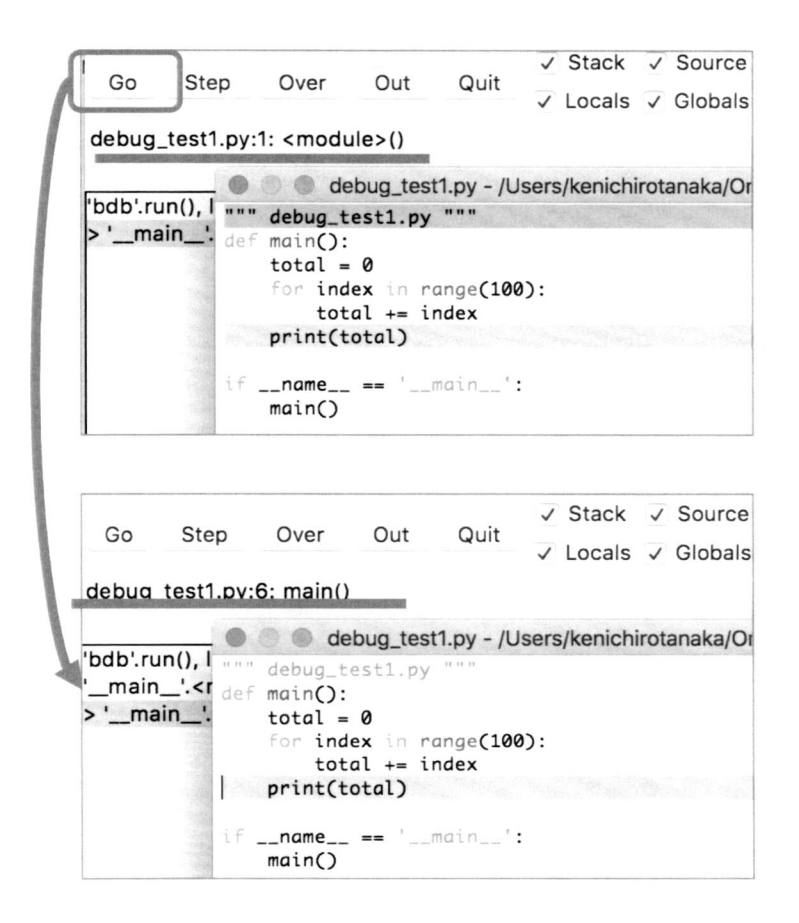

　ローカル変数を見ると、indexに99、totalに4950という値が格納されていることが確認できます。

Locals	
index	99
total	4950

　このようにブレークポイントを使うと任意の箇所まで実行を進めて停止させることが可能となります。疑わしい関数やメソッドがある時は、その箇所の様子を瞬時に調べることができるのでとても便利です。

■ Windowsの場合

(1)　コマンドプロンプトを起動して「idle」と入力します（インストール方法によってはスター

ト画面から「idle」と入力することで起動できる場合もあります）。

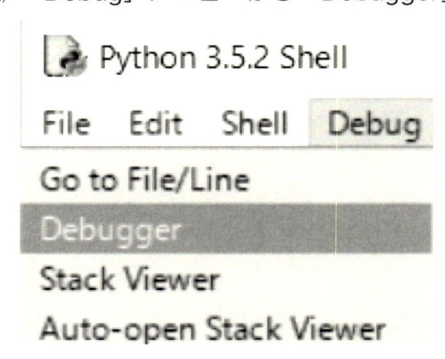

(2) 「Debug」メニューから「Debugger」を選びます。

(3) Debug Controlパネルで全てのチェックボックスをONにします。

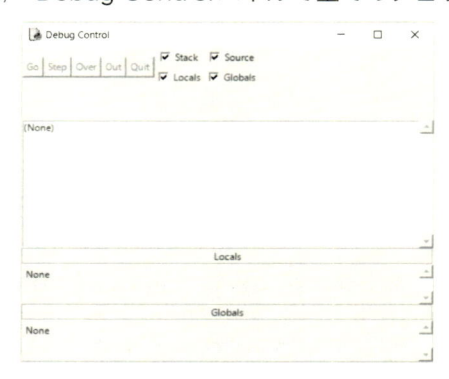

(4) あとは、ファイルメニューからファイルを開いて実行するだけです。デバッガの操作方法はMac版と同じです。

■その他のデバッグ環境

Pythonで利用できる統合開発環境をいくつか紹介しておきます[5]。PyCharm, Spyderなどの統合開発環境や、Visual Studio Codeなどの高機能エディタを使うと効率よくデバッグができます。どのツールを使うかは個人の嗜好によります。いろいろ試して気に入ったツールを使うとよいでしょう。いずれもWindows、macOS、Linuxで利用できます。

※5　2016年時点の画面キャプチャです。頻繁に更新されることが予想されます。これ以外にもたくさんの開発環境があります。いろいろと調べてみてください。

・Spyder

Anacondaをインストールするとその中に含まれています。

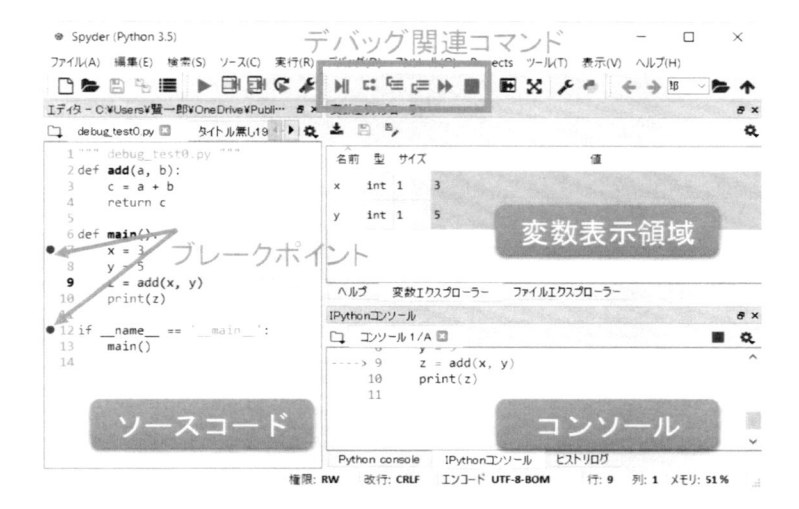

・**PyCharm**

有償のProfessional Editionと無償のCommunity Editionがあります。

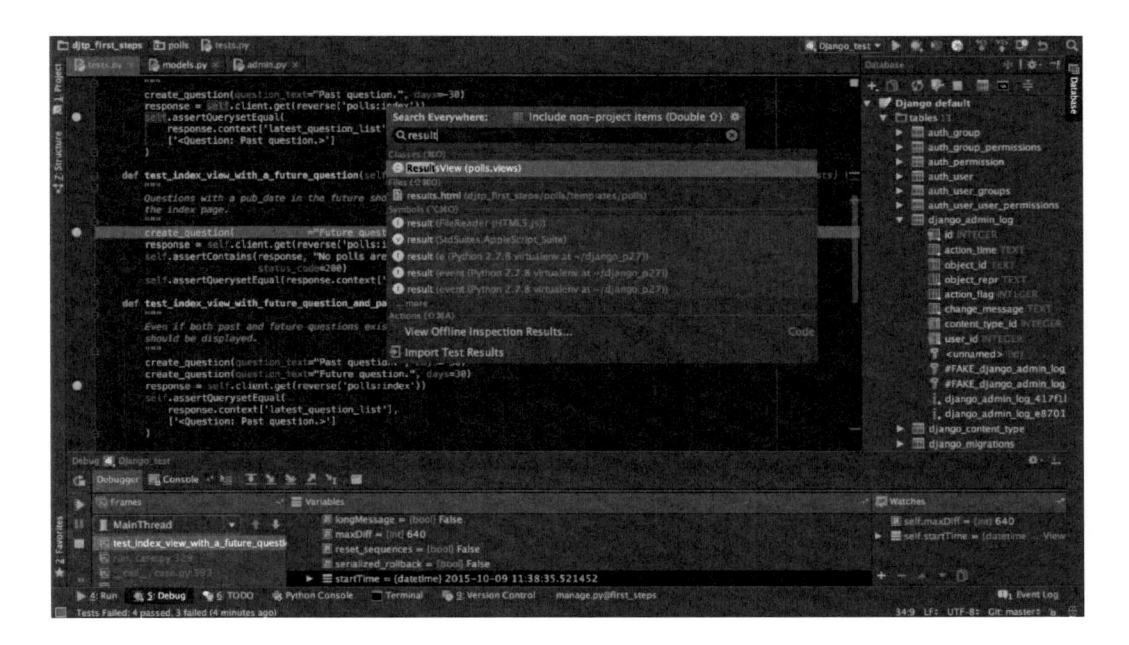

・**Visual Studio Code**

Microsoft製の高機能エディタです。Python用の拡張機能をインストールすることで、デバッガとしても利用できます。

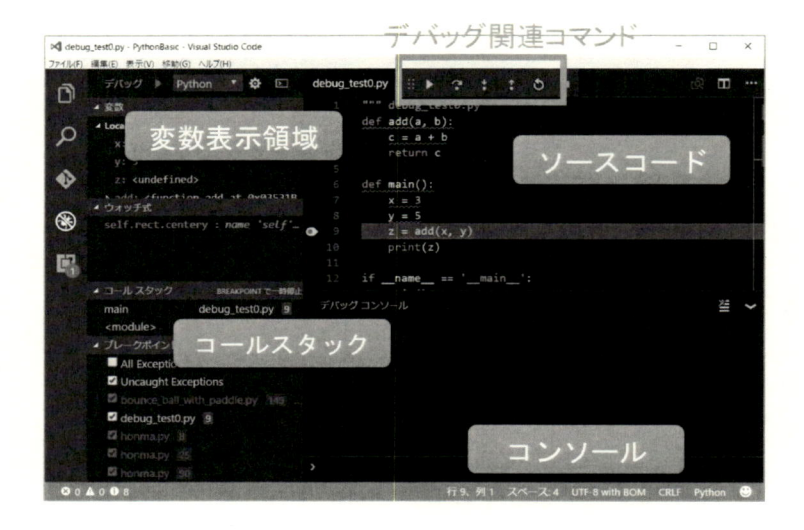

5-3 スコープ

スコープとは「変数が使える範囲」のことです。変数は宣言された場所に応じて以下のどちらかに分類されます。

・グローバル（広域）変数

関数宣言の外で定義された変数。全ての場所からアクセスできる。

・ローカル（局所）変数

関数宣言の中で定義された変数。その関数の中からのみアクセスできる。

Pythonでは変数の宣言を明示的に行う必要はないので、「変数を使い始めた場所」＝「変数が宣言された場所」だと思ってください。

関数の外がグローバル変数で、中がローカル変数です。以下のコードを見てください。どれがグローバル変数で、どれがローカル変数かわかりますか？

```
...
pygame.init()
SURFACE = pygame.display.set_mode((400, 300))
FPSCLOCK = pygame.time.Clock()


def main():
    """ main routine """
```

```
logo = pygame.image.load("pythonlogo.jpg")

while True:
    for event in pygame.event.get(QUIT):
        pygame.quit()
        sys.exit()

    SURFACE.fill((225, 225, 225))

    # (200, 150)が中心になるようにロゴを描画
    rect = logo.get_rect()
    rect.center = (200, 150)
…
    FPSCLOCK.tick(30)
```

　関数は main()、1つだけです。この外側で使われている変数はグローバル変数です。この例では、SURFACE と FPSCLOCK が該当します。logo や rect、event はローカル変数です。ここで、main() の中で SURFACE.fill(…) や FPSCLOCK.tick(…) のようにグローバル変数にアクセスしています。関数の中からグローバル変数にアクセスできることがわかります。

　関数の中と外を意識することはとても大切です。関数の外にあるコードを「グローバルコード」と呼びます。グローバルコードは上から順番に実行されます。一方、関数は呼び出されるまでは実行されません。

　デバッガの説明で使った例では関数 add と main が宣言されていました。ファイルを上から読み込む途中で add や main が実行されることはありません。ファイルの最後に main() とありますが、この関数呼び出すことで、はじめて関数 main() が実行されるのです。関数の宣言と関数の実行を混同しないよう注意してください。

　関数の中からグローバル変数にアクセスする際には注意が必要です。値を参照する場合と、値を代入する場合で挙動が変わってくるためです。

　以下の例では say() と main() の中から、グローバル変数 message を参照し、その内容を出力しています。

```
""" scope0.py """
message = "Hello"
```

```python
def say():
    print("say:message="+message)

def main():
    say()
    print("main:message="+message)

if __name__ == '__main__':
    main()
```

```
say:message=Hello
main:message=Hello
```

どちらも同じメッセージを参照しているため出力結果も同じです。

本当に同じ変数を参照しているか確認してみましょう。id()はオブジェクトの識別子を返す組み込み関数です。同じ値であれば同じオブジェクトを意味します。

```python
""" scope1.py """
message = "Hello"

def say():
    print("say:message="+message)
    obj_id = id(message)
    print("say:id(message)={0:d}".format(obj_id))

def main():
    say()
    print("main:message="+message)
    obj_id = id(message)
    print("say:id(message)={0:d}".format(obj_id))

if __name__ == '__main__':
    main()
```

```
say:message=Hello
```

```
say:id(message)=56442464
main:message=Hello
say:id(message)=56442464
```

　同じ数値なので、同じオブジェクトであることが確認できました。このように関数の中から
グローバル変数を参照（Read）するだけであれば特に問題はありません。

　では、関数の中からグローバル変数を書き換えて（Write）みましょう。

```
""" scope2.py """
message = "Hello"


def say():
    message = "Hi"
    print("say:message="+message)


def main():
    say()
    print("main:message="+message)


if __name__ == '__main__':
    main()

    say:message=Hi
    main:message=Hello
```

　関数say()のなかでmessageを「Hi」と書き換えています。しかしながら、その後のmain()
で、messageは元の「Hello」と出力されています。なぜでしょうか？　id()を使って調べてみ
ましょう。

```
""" scope3.py """
message = "Hello"


def say():
    message = "Hi"
    print("say:message="+message)
```

```python
    obj_id = id(message)
    print("say:id(message)={0:d}".format(obj_id))

def main():
    say()
    print("main:message="+message)
    obj_id = id(message)
    print("main:id(message)={0:d}".format(obj_id))

if __name__ == '__main__':
    main()
```

```
    say:message=Hi
    say:id(message)=62406304
    main:message=Hello
    main:id(message)=62406176
```

say()中のmessageと、main()中のmessageでは識別子が異なっています。つまり、これらは別々のオブジェクトです。よって、say()の中でmessageを書き換えても、main()の中の文字列が変わらなかったのです。

これはデバッガを使っても確認できます。say()中のprint()にブレークポイントを設定して実行してください。

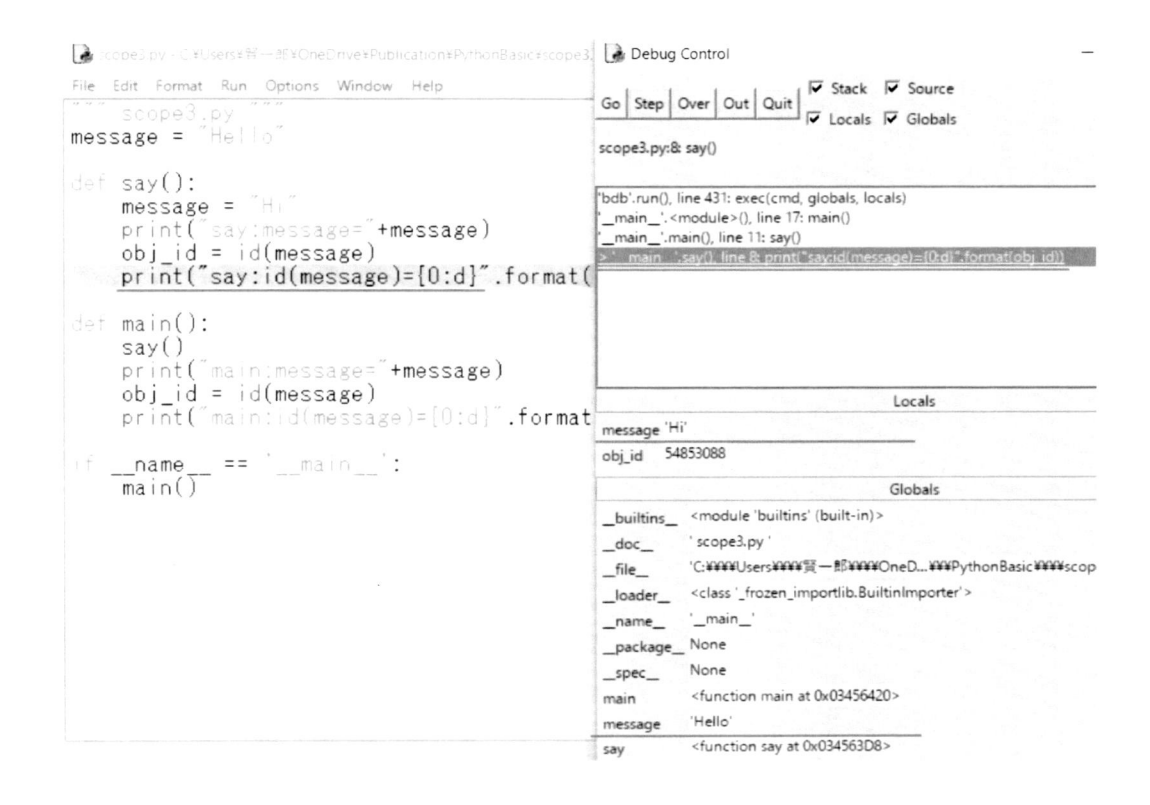

　この状態で（＝コールスタック（呼出し履歴）がsay()にある状態）でLocalsとGlobalsを見ると、それぞれにmessageという変数があり、異なる値を保持していることが確認できます。

　これらのことから、関数の中でグローバル変数と同じ名前の変数に値を代入すると、グローバル変数ではなく、同じ名前のローカル変数が新たに作成されることがわかります。ローカル変数なので関数を抜けるとその変数は削除されます。

　グローバル変数は手軽で便利です。値を参照するだけならあまり問題はおきません。しかし、いろいろな場所から値を書き換えると、誰がいつどんな値を書き込んだのかわからなくなり、バグの温床になりがちです。そこで、Pythonは以下のような仕様となっています。

・関数の中からグローバル変数の参照（Read）は問題なく行える。
・関数の中からグローバル変数と同名の変数に代入（Write）すると、グローバル変数を書き換えるのではなく、同じ名前のローカル変数が作成される。すなわち、グローバル変数を書き換えることはしない。

　とはいっても、関数の中からグローバル変数の値を書き換えられないのも不便です。危険性を認識した上であれば使ってもよいはずです。そこで、Pythonでは「グローバル変数を意図的に書き換えるぞ！」という意思表明をすれば、グローバル変数を書き換えられる仕組みを用意してくれました。これがglobal命令です。

```python
""" scope4.py """
message = "Hello"


def say():
    global message
    message = "Hi"
    print("say:message="+message)
    obj_id = id(message)
    print("say:id(message)={0:d}".format(obj_id))


def main():
    say()
    print("main:message="+message)
    obj_id = id(message)
    print("main:id(message)={0:d}".format(obj_id))


if __name__ == '__main__':
    main()
```

```
say:message=Hi
say:id(message)=55066272
main:message=Hi
main:id(message)=55066272
```

　say()の中で「global message」と宣言しています。これが「グローバル変数messageを関数の中から変更する」という宣言です。こうすることで、関数の中からグローバル変数の値を書き換えられるようになります。

　globalは使わないで済めばそれに越したことはありません。ただ、絶対に避けなくてはならないものでもありません。バランスをとりながら適切に使っていくのがよいと思います。

第6章　オブジェクト指向

　現在主流のプログラミング言語の多くはオブジェクト指向に対応しています。ここではオブジェクト指向という考え方について説明します。オブジェクト指向という考え方には慣れが必要です。一回読んだだけでは消化不良を起こすかもしれません。もし理解できなくてもすぐに諦めず、繰り返し読んで慣れてほしいと思います。

6-1　プロパティとメソッド

　オブジェクトの直訳は「モノ・物体」です。身の回りにはあらゆるモノが溢れています。モノに囲まれている人間にとってモノは親しみ易い対象です。モノという概念をプログラミングの世界に取り込んだのがオブジェクト指向です。これだけじゃわからないですよね？

　モノには色、重さ、形状、材質…といったさまざまな特徴があります。

鉛筆	色：黒、長さ：10cm、重さ：25g、材質：木材と黒鉛
車	色：シルバー、長さ：5m、重さ：950kg、材質：金属
TV	色：黒、大きさ：40インチ、材質：プラスチックと金属

【演習】身の回りのモノの特徴を列挙してみましょう

　さらに、モノは何らかの操作が可能です。

鉛筆	書く、削る、転がして遊ぶ…
車	アクセルを踏む、ブレーキを踏む、ハンドルを回す、ライトをつける…
TV	電源を入れる、電源を切る、チャンネルを変える、音量を変える…

【演習】列挙したモノに対してどんな操作があるか列挙してみましょう。

　オブジェクト指向言語では、モノのことを「オブジェクト」もしくは「インスタンス」と呼びます。また、モノの特徴のことを「プロパティ」、モノを操作する処理を「メソッド」と呼びます。

日常での用語	オブジェクト指向での用語
モノ	オブジェクト、もしくは、インスタンス
モノの特徴	プロパティ
モノの操作	メソッド

　プロパティやメソッドには対象となるモノ（オブジェクト）が欠かせません。鉛筆の長さを取得する場合、その対象となる鉛筆がないと長さは求められません。対象となる鉛筆がないと書くこともできません。TVがないのにTVの電源をいれることはできません。

　一方、「捨てる」という動作を考えてみます。これは特定のモノに紐づいた操作ではありません。鉛筆を捨てることもできるし、TVを捨てることもできます。

　このようにメソッドとプロパティには、オブジェクトが必須です。Pythonでメソッドやプロパティにアクセスする場合は以下のように記述します。オブジェクト変数がないとアクセスも呼び出しもできません。

　・プロパティへのアクセス：**オブジェクト変数 ． プロパティ名**
　・メソッドの呼び出し：**オブジェクト変数 ． メソッド名 ()**

　一方、一般的な関数は

　関数名 ()

と呼び出します。オブジェクト変数がなくても実行することができます。

　第4章で、「リストへの追加と削除では呼び出す関数の種類が異なる」という話をしました。

```
>>> data = [1, 2, 3]
>>> data.append(4)
>>> data
[1, 2, 3, 4]
>>> del data[2]
>>> data
[1, 2, 4]
```

　リストdataに要素を追加する場合、操作対象となるdataを明示的に指定して、そこに要素を追加します。実はリストもオブジェクトだったのです。

data.append(4)

dataはオブジェクト変数で、appendがメソッドです。メソッドはオブジェクトに紐づいた関数です。メソッドを呼び出すので()を付与しています。通常の関数と同じようにカッコの中に引数を指定できます。ちなみに、dataに含まれる要素の個数をdata.lengthで取得できますが、これはlengthプロパティへのアクセスに他なりません。

一方、delで消去する対象はリストに限りません。今回は引数にリストを渡していますが、リスト以外の要素も指定できます。一般的な関数に近い使い方ができます[6]。

[6]　delは()を付与しなくても呼び出せます。関数というよりは文という位置づけになります。

6-2　クラスとオブジェクト（インスタンス）

この世に全く同じ鉛筆は2本とありません。同じメーカーの同じ型番の鉛筆だとしても、Aさんが使う鉛筆とBさんが使う鉛筆は別物です。TVも同じです。型番は同じでも、Aさんの家にあるTVとBさんの家にあるTVは別の個体です。このように個々の物体は1つとして同じものはありません。これら個々の物体がオブジェクトに該当します。オブジェクトは「インスタンス」と呼ばれることもあります。

ただし、別物とはいうものの、同じ型番のTVは同じ特徴や機能を持っています。型番がわかればどのような機能・特徴を持っているかがわかります。それぞれのオブジェクトを抽象化したものを「クラス」と呼びます。クラスは実体ではなく抽象的な概念です。

日常生活ではオブジェクトとクラスを区別する必要があまり無いので、混乱するかもしれません。別の例で考えてみましょう。鯛焼きがあったとします。個々の鯛焼きはオブジェクトです。全ての鯛焼きは別の個体ですが、鯛焼きを大福と間違える人はいません。鯛焼きには共通の特徴があり、その特徴があるが故に他のお菓子から区別できるのです。この共通の特徴がクラスに相当します。繰り返しますが、クラスは実体ではありません。

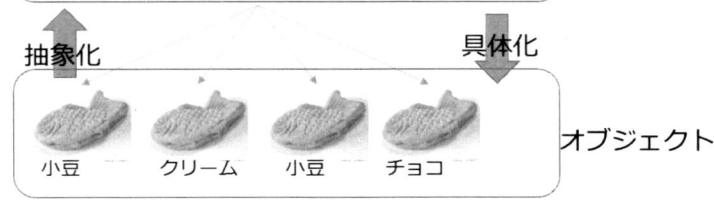

オブジェクト指向言語では、クラスという情報を基にしてオブジェクトを作ります。ちょうど鯛焼きの型から鯛焼きを量産するようなイメージです。オブジェクトを作るための専用の関数のことを「コンストラクタ」と呼びます。

6-3　継承のイメージ

　オーディオ、TV、エアコン、電子レンジ、照明…電気製品には必ずスイッチがあります。スイッチをONにすると電源が入り、OFFにすると電源が切れます。「何を当たり前のことを！」と思われたかもしれませんが、この考え方は重要です。さまざまな製品を電化製品という概念で抽象化しているのです。カメラ量販店に行って「電化製品ください」という人はいません。電化製品は抽象化された概念であって具体的なモノではないからです。

　全ての家電を電化製品という1つの概念で抽象化することも可能ですが、段階を追って抽象化すると便利です。TVやオーディオはAV機器です。必ず音量調整機能があります。一方、季節家電には温度調節機能があるはずです。どちらも電化製品なので、電源スイッチがあります。この関係を階層的に表すと以下のようになります。

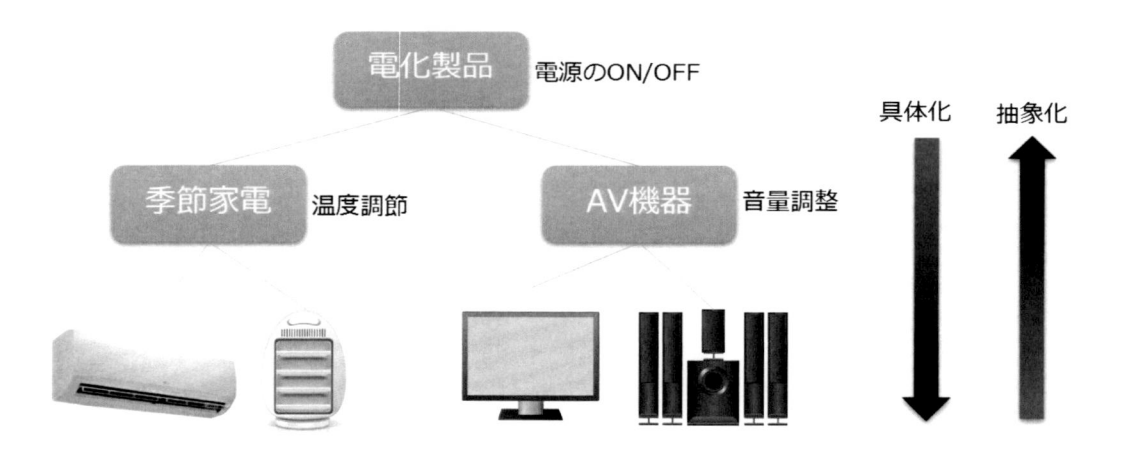

　オブジェクト指向では、ある特徴を引き継ぐことを「継承」と呼びます。「AV機器は電化製品の特長を継承する」、「季節家電は電化製品の特長を継承する」と表現します。実際のプログラミングでも複数の段階で抽象化することが行われます。

6-4 メソッドとインタフェース

　オブジェクトを操作する関数を「メソッド」と呼びます。1つのメソッドは1つの機能に対応しています。例えば、電源をONするメソッド、音量を調整するメソッド、チャンネルを変えるメソッドという具合です。

　TVを買ったらすぐに視聴すると思います。説明書をじっくり読む人は少ないでしょう。車を買ったらすぐに運転するはずです。マニュアルを読まないと運転できないという人はいないはずです。何の説明もなく機器を操作できるのは、メーカーを問わず操作方法に共通点があるからです。車のアクセルとブレーキが逆になっていることはありません。リモコンの数字を押せばチャンネルが変わるはずです。このような意味のある操作方法のまとまりを「インタフェース」と呼びます。インタフェースもクラスと同じように抽象度に応じて継承関係を作ることができます。

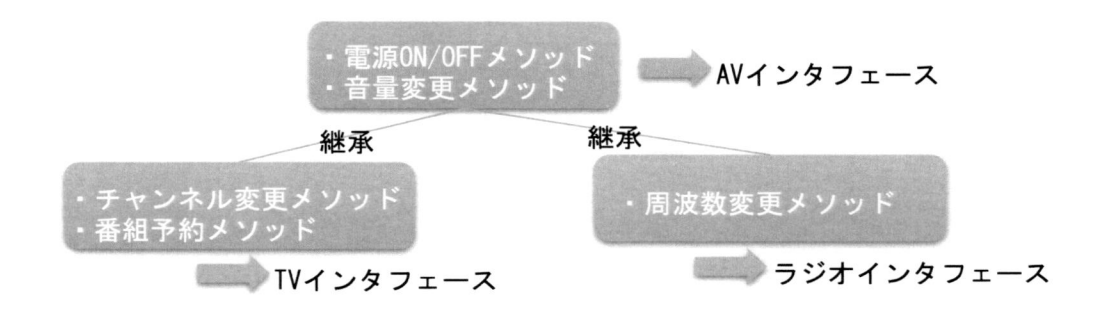

　JavaやC#といった言語では。インタフェース専用の構文が用意されています。Pythonではインタフェース専用の構文はありませんが、この考え方はオブジェクト指向言語を習得する上で重要なので把握しておくとよいでしょう。

6-5 クラス設計

　ここまでオブジェクト指向の基本的な考え方を紹介しました。では早速、「オブジェクト指向的なプログラムを作ろう」とPCに向かったとします。でも、「一体何をクラスにすればいいんだ？」と混乱する人がほとんどだと思います。

　文章の表現方法が十人十色なように、何をクラスにするか、どのような継承関係にするか、クラス設計は人それぞれです。数学のように絶対的な正解はありません。非常にすっきりした設計になることもあれば、スパゲッティのような複雑怪奇なクラス設計になることもあります。こればかりは経験がものを言う世界なので、いろいろなコードを読んだり、失敗を繰り返したりして、経験を積んでいくしかありません。

　難しそうに聞こえるかもしれませんが、これこそがプログラミングの醍醐味であり、パズルを解くような楽しい作業です。最初は難しいと感じるかもしれませんが、「クラス設計を楽しん

でやろう」という軽い気持ちで取り組んでもらえればと思います。

　筆者は以下のようなアプローチを取っています。

・名詞（ゲーム中で動くもの）はクラスにできることが多い。
・似たような特徴を持つものは同じクラス、もしくは継承関係を作れるか考える。
・必ずしもクラスにすればいいとは限らない（関数の方がシンプルになることもある）。
・継承を無理に使うよりも、クラスを組み合わることを考える。

　このようなクラス設計のアプローチに関しては、オブジェクト指向言語ができた頃からさまざまな人によって議論がなされてきました。その中でも特に優れた設計をカタログとしてまとめたものを「デザインパターン」と呼びます。多くの書籍が出版されていますし、ネット上にも情報がたくさん公開されています。興味のある人は調べてみてください。

　本書後半で紹介するゲームでも、クラスを使っているものがいくつかあります。クラス設計に絶対の正解はありません。「自分ならこんなクラスにする。その方がシンプルでわかりやすいはず」ということもあるでしょう。そんな視点を持ちながら読み進めてください。

6-6　クラス定義

　オブジェクト指向の概念について説明してきました。いよいよ、Pythonでオブジェクト指向的なコードをどのように書くか見ていきましょう。まずは最も基本となるクラス定義からです。クラスは以下のように定義します。


```
class クラス名:
    クラスの内容
```


　もっともシンプルなクラスを作ってみましょう。

```
>>> class Person:
        pass

>>> tanaka = Person()
>>> yamada = Person()
```


　passとは何もしないという命令です。クラス名に()を付けることでオブジェクトを作成します。

　ただ、これだけではプロパティもメソッドもないので何の役にも立ちません。プロパティを追加してみましょう。he、sheと2つのオブジェクトを作成しています。

```
>>> class Person:
        def __init__(self, name):
                self.name = name

>>> he = Person("tanaka")
>>> she = Person("ikeda")
>>> he.name
'tanaka'
>>> she.name
'ikeda'
```

「def __init__(self, name):」は関数宣言と同じ書き方です。メソッドはオブジェクトに紐づいた関数なので、これは妥当でしょう。しかし、関数名__init__には違和感を覚えるかもしれません。これはオブジェクトを作る際に呼び出される特別な関数です。オブジェクト指向言語では、オブジェクトを作る関数のことを「コンストラクタ」と呼びますが、__init__はコンストラクタに相当します。

この関数の第1引数にはオブジェクト自分自身が渡されます。第1引数はPythonがセットしてくれるので、我々が明示的に指定する必要はありません。慣習的にselfという引数名を使うことが多いので本書もそれに倣います。このように、__init__は引数で与えられたオブジェクトを初期化する働きをします。よって、"オブジェクトを作る"というよりは、"オブジェクトを初期化する"といった方が正確かもしれません。

第2引数はオブジェクト作成時に渡した内容です。「Person("tanaka")」のようにオブジェクトを作成した場合、第2引数には"tanaka"が渡されます。コンストラクタ内では、「self.name = name」と記述していますが、自分自身selfのnameプロパティに、引数で渡されたname変数を代入しています。

オブジェクトを作成した側は、「オブジェクト名 . プロパティ名」と記述することでプロパティにアクセスできます。上の例でも「he.name」とアクセスすることでnameプロパティにアクセスできていることがわかります。

他の例も見てみましょう。長さと色というプロパティを持つPenクラスです。

```
>>> class Pen:
        def __init__(self, length, color):
                self.length = length
                self.color = color

>>> pen1 = Pen(5, "red")
>>> pen2 = Pen(10, "black")
>>>
>>> pen1.color
'red'
>>> pen1.length
5
```

プロパティも通常の変数と同じように参照、代入ができます。

```
>>> pen1.length = 4.8
>>> pen1.length
4.8
```

6-7 メソッド

メソッドとはオブジェクトに紐づけられた関数です。Personクラスにsay_helloメソッドを
追加してみます。

```
>>> class Person:
        def __init__(self, name):
                self.name = name
        def say_hello(self):
                print("Hi! " + self.name)

>>> he = Person("Tanaka")
>>> he.say_hello()
Hi! Tanaka
```

宣言は通常の関数と同じ記法です。ただし、第1引数に自分自身を示すオブジェクトが渡さ
れる点に注意してください。この第1引数もPythonが設定してくれます。

Penにwriteメソッドを追加してみます。

```
>>> class Pen:
        def __init__(self, length, color):
                self.length = length
                self.color = color
        def write(self, how_many_hours):
                self.length -= how_many_hours / 10

>>> my_pen = Pen(10, "black")
>>> my_pen.write(3)
>>> my_pen.length
9.7
```

　writeメソッドは、何時間書いたかという引数を1つとります。その値の10分の1をlengthから引いています。3時間書き続けたので3mm芯が減って9.7cmになりました。

　ちなみに、クラスがどんなプロパティ、どんなメソッドを持つか一目でわかるように、クラス図という記法がよく使用されます（実際はより複雑なルールがあるのですが、本書の範囲ではこれで十分です）。単に、クラス名、プロパティ名、メソッド名を順番に記述するだけですが、こんな図を用意するだけでも見通しが良くなります。

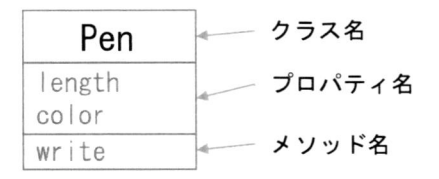

Pen	← クラス名
length color	← プロパティ名
write	← メソッド名

6-8　継承

　英語には「車輪の再発明」という言い回しがあります。「既に発明されていることを知らずに（もしくは意図的に無視して）再度発明するのは無駄」という意味です。再利用を重要視するプログラミング業界ではよく使われます。

　PyGameのRectクラスは非常に便利です。仮に、widthとheightを入れ替えるflipメソッドを持つMyRectクラスが必要になったとします。Rectクラスを最初から作り直すのはどう考えても無駄です。幸いなことにPythonでは、既存のクラスを再利用しつつ、差分だけを記述する手法が用意されています。それが「継承」です。継承とは、既にあるクラスを再利用する時に利用される技法です。

```
>>> import pygame
>>> class MyRect(pygame.Rect):
        def flip(self):
                self.width, self.height = (self.height, self.width)

>>> r = MyRect(10, 20, 30, 40)
>>> r.size
(30, 40)
>>> r.flip()
>>> r.size
(40, 30)
```

他のクラスを継承する時は以下のように記述します。

class クラス名(親クラス):

親クラスというのは継承対象となるクラスのことです。上の例ではRectのsizeプロパティがそのまま使えるだけでなく、自分で定義したflipメソッドが使えることがわかります。

このように継承は非常に強力なテクニックですが、本書で掲載するゲームでは、既存のクラスを継承するクラスは作成していません[7]。それよりも、いくつかクラスが必要になった時に、それらの共通項を括り出して親クラスを作るという使い方をしています。

[7]　pygame.sprite.Sprite を継承したクラスを実装するゲームも多くあります。描画や衝突判定などが容易になります。興味のある人は調べてみてください。

簡単な例を見てみましょう。電源とボリュームというプロパティを持つAudioクラスを定義します。tune()メソッドで音楽を聴くことができます。電源が入っていないと「turn it on」というメッセージが表示されます。

```
>>> class Audio:
        def __init__(self, power, volume):
                self.power = power
                self.volume = volume

        def switch(self, on_off):
                self.power = on_off

        def set_volume(self, vol):
                self.volume = vol

        def tune(self):
                str = "La la la..." if self.power else "turn it on"
                print(str)

>>> mp3 = Audio(False, 8)
>>> mp3.set_volume(12)
>>> mp3.tune()
turn it on
```

　同じようにTVクラスも定義してみます。TVなので画面サイズを表すsizeプロパティが必要です。また、メソッドもwatchとなっています。

```
>>> class TV:
        def __init__(self, power, volume, size):
                self.power = power
                self.volume = volume
                self.size = size
        def switch(self, on_off):
                self.power = on_off
        def set_volume(self, vol):
                self.volume = vol
        def watch(self):
                str = "have fun!" if self.power else "switch on"
                print(str)

>>> obj = TV(True, 14, 40)
>>> obj.switch(True)
>>> obj.watch()
have fun!
>>> obj.set_volume(10)
```

　TVもAudioも同じAV機器なので類似点が多くあります。では、共通項を括り出して新たなクラスAudioVisualを定義しましょう。その様子を以下に示します。

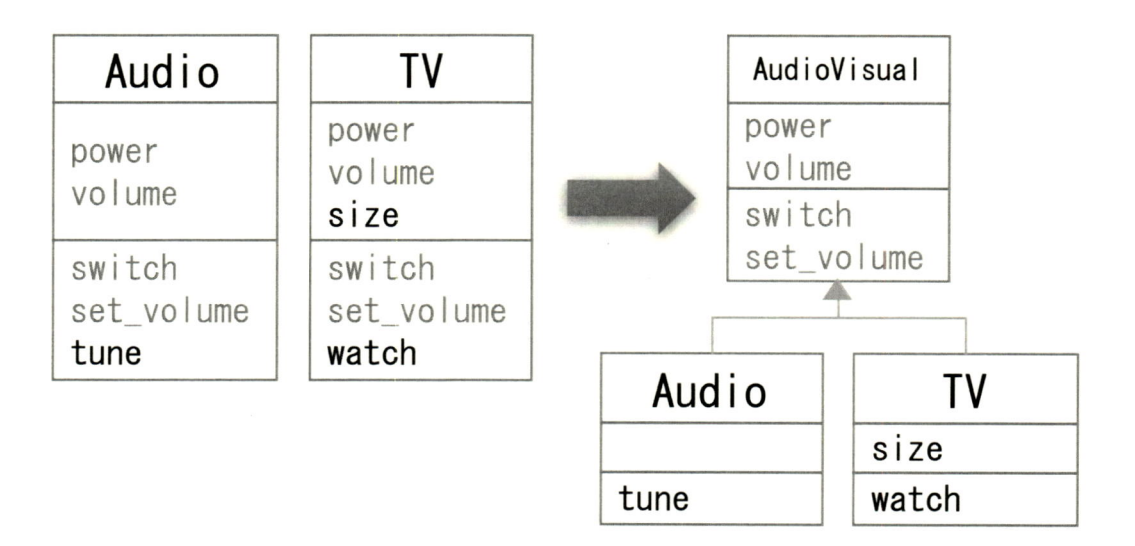

これをコードで表現すると以下のようになります。少し長くなったのでファイル形式にしました。

```python
class AudioVisual:
    def __init__(self, power, volume):
        self.power = power
        self.volume = volume
    def switch(self, on_off):
        self.power = on_off
    def set_volume(self, vol):
        self.volume = vol


class Audio(AudioVisual):
    def __init__(self, power, volume):
        super().__init__(power, volume)
    def tune(self):
        str = "La la la..." if self.power else "turn it on"
        print(str)

class TV(AudioVisual):
    def __init__(self, power, volume, size):
```

```
        super().__init__(power, volume)
        self.size = size
    def watch(self):
        str = "have fun!" if self.power else "switch on"
        print(str)

obj1 = TV(False, 12, 40)
obj1.switch(True)
obj1.watch()

obj2 = Audio(True, 15)
obj2.set_volume(6)
obj2.tune()
```

　AudioVisualクラスは今までの通常のクラス宣言と変わりません。注目して欲しいのはTVとAudioのコンストラクタです。まずはAudioのコンストラクタからです。

```
class Audio(AudioVisual):
    def __init__(self, power, volume):
        super().__init__(power, volume)
```

　super()は親クラスの定義を参照するメソッドです。つまり、親クラスの__init__を呼び出しているのです。その際self引数はPythonが自動で設定してくれるので、自分で指定する必要はありません。AudioクラスではAudioVisualクラスとの差分であるtuneメソッドを定義しているだけです。

　次はTVのコンストラクタです。TVクラスは独自のプロパティsizeを持っています。

```
class TV(AudioVisual):
    def __init__(self, power, volume, size):
        super().__init__(power, volume)
        self.size = size
```

　Audioと同様に親クラスの__init__を呼び出しています。sizeはTVだけのプロパティなので、自身のコンストラクタの中でプロパティに設定しています。あとは、Audioと同様に差分となるwatchメソッドを自分で実装しています。

AudioもTVも自分ではpowerやvolumeといったプロパティ、switchやset_volumeといったメソッドは宣言していません。それでも、obj1やobj2といったオブジェクトから、これらのメソッドにアクセスできていることに注目してください。

　お疲れさまでした。基本編は以上です。ここまでの内容を把握しておけば、後半のゲームのソースコードを読み進めることができるはずです。ここからが本番です。ここまでの説明がどのように利用されているか考えながら読み進めてください。きっといろいろな発見があるはずです。

2

ゲーム編

●

プログラミング言語を使いこなせるようになるには、多くの具体例に接するのが一番です。本編では、水平スクロール、パズル、疑似3D、ブロック崩し、縦横スクロール、シューティング、落ち物系といったさまざまなゲームを収録しました。これらのソースコードを読んでいるうちに、一定のパターンがあることに気づくはずです。ここまでくればしめたものです。自分で新しいゲームを作る下地ができているはずです。ぜひ自分のオリジナルゲームを作ってみてください。苦労することもあるかもしれませんが、それを超える達成感がきっとあるはずです。

1. Cave

シンプルな横スクロールゲームです。スペースキーを押すと上方向に加速度がかかります。洞窟は徐々に狭まってきます。

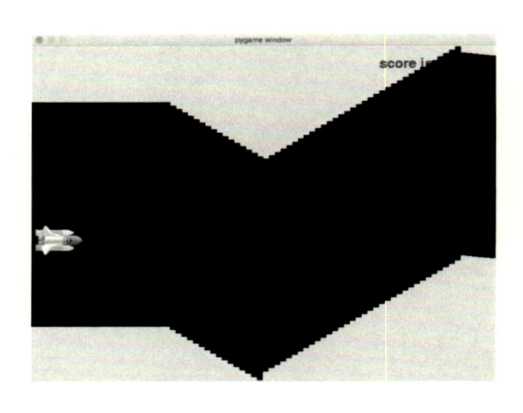 

ソースコード（cave.py）

```python
""" cave - Copyright 2016 Kenichiro Tanaka   """
import sys
from random import randint
import pygame
from pygame.locals import QUIT, Rect, KEYDOWN, K_SPACE


pygame.init()
pygame.key.set_repeat(5, 5)
SURFACE = pygame.display.set_mode((800, 600))
FPSCLOCK = pygame.time.Clock()


def main():
    """ メインルーチン """
    walls = 80
    ship_y = 250
```

```python
    velocity = 0
    score = 0
    slope = randint(1, 6)
    sysfont = pygame.font.SysFont(None, 36)
    ship_image = pygame.image.load("ship.png")
    bang_image = pygame.image.load("bang.png")
    holes = []
    for xpos in range(walls):
        holes.append(Rect(xpos * 10, 100, 10, 400))
    game_over = False

    while True:
        is_space_down = False
        for event in pygame.event.get():
            if event.type == QUIT:
                pygame.quit()
                sys.exit()
            elif event.type == KEYDOWN:
                if event.key == K_SPACE:
                    is_space_down = True

        # 自機を移動
        if not game_over:
            score += 10
            velocity += -3 if is_space_down else 3
            ship_y += velocity

        # 洞窟をスクロール
        edge = holes[-1].copy()
        test = edge.move(0, slope)
        if test.top <= 0 or test.bottom >= 600:
            slope = randint(1, 6) * (-1 if slope > 0 else 1)
            edge.inflate_ip(0, -20)
        edge.move_ip(10, slope)
```

```python
        holes.append(edge)
        del holes[0]
        holes = [x.move(-10, 0) for x in holes]


        # 衝突 ?
        if holes[0].top > ship_y or \
            holes[0].bottom < ship_y + 80:
            game_over = True


    # 描画
    SURFACE.fill((0, 255, 0))
    for hole in holes:
        pygame.draw.rect(SURFACE, (0, 0, 0), hole)
    SURFACE.blit(ship_image, (0, ship_y))
    score_image = sysfont.render("score is {}".format(score),
                                    True, (0, 0, 225))
    SURFACE.blit(score_image, (600, 20))


    if game_over:
        SURFACE.blit(bang_image, (0, ship_y-40))


    pygame.display.update()
    FPSCLOCK.tick(15)


if __name__ == '__main__':
    main()
```

1-1　概要

　75行弱のシンプルなゲームです。たくさんの矩形をずらしながら、横方向に並べることで、洞窟を表現しています。フレーム毎に全ての矩形を左方向にずらし、先頭（左端）の矩形を削除、右端に新しい矩形を追加することで、横方向のスクロールを実現しています。

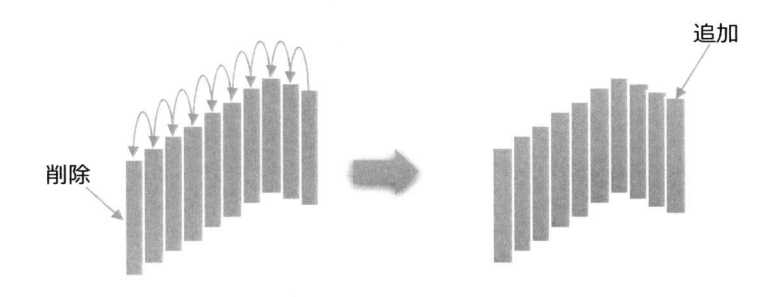

削除　追加

1-2　グローバル変数

今回のゲームではグローバル変数はSURFACE（ウインドウ）とFPSCLOCK（フレームレート調整用のタイマー）の2つだけです。以下はグローバルコードです。

```
pygame.init()
pygame.key.set_repeat(5, 5)
SURFACE = pygame.display.set_mode((800, 600))
FPSCLOCK = pygame.time.Clock()
```

　pygame.init()でpygameを初期化します。pygame.key.set_repeat()はキーのリピート機能を設定するpygameのメソッドです。キーを押し続けた時に連続してKEYDOWNイベントを生成するために呼び出しています。set_mode((800, 600))で画面サイズを設定し、FPSCLOCKオブジェクトを作成しています。

1-3　関数

main()

　このゲーム唯一の関数です。長いので分割して説明します。主なローカル変数を以下に列挙します。

walls	洞窟を構成する矩形の数
ship_y	自機のY座標
velocity	自機が上下に移動する際の速度
score	スコア
slope	洞窟の傾き（隣の矩形とY軸方向にどれだけずらすか）
holes	洞窟を構成する矩形を格納する配列
game_over	ゲームオーバーか否かのフラグ

以下のコードで洞窟を構成する矩形を作成しています。

```
for xpos in range(walls):
    holes.append(Rect(xpos * 10, 100, 10, 400))
```

Rectはpygameの中で定義されているクラスです。引数は（X座標、Y座標、幅、高さ）です。X軸方向に10ずつずらしながら矩形をwalls個作成しています。作成した矩形はリストholesに追加していきます。

初期化が終わるとwhile True:でメインループに突入します。ループを開始する都度、is_space_downをFalseで初期化します。次にイベントキューからイベントを取得し、QUITであればゲームを終了します。イベントタイプがKEYDOWNで、かつ、キーコードがK_SPACEであればis_space_downをTrueに設定します。

以下のコードで自機を移動します。

```
if not game_over:
    score += 10
    velocity += -3 if is_space_down else 3
    ship_y += velocity
```

まず、if not game_over:でゲームオーバーでない時（＝ゲーム中）の処理を記述します。スコアを10増やし、スペースキーの押下状態に応じて速度を-3（上昇）、もしくは+3（落下）変化させます。

洞窟のスクロールは以下のコードです。

```
edge = holes[walls - 1].copy()
test = edge.move(0, slope)
if test.top <= 0 or test.bottom >= 600:
    slope = randint(1, 6) * -1 if slope > 0 else 1
    edge.inflate_ip(0, -20)
edge.move_ip(10, slope)
holes.append(edge)
del holes[0]
holes = [x.move(-10, 0) for x in holes]
```

edge = holes[walls - 1].copy() では右端の矩形をコピーして変数edgeに格納しています。配列の番号は0から始まります。よって、walls - 1で最後の要素を取得できます。実は、holes[-1] と記述しても最後の要素を取得できます。従って、この行は以下のように書き換えても同じように動作します。

```
edge = holes[-1].copy()
```

　次に新しく作成した矩形を移動させて、天井か床にぶつからないか検出します。ぶつかった時は、洞窟の傾きを上下逆にする必要があるためです。

```
test = edge.move(0, slope)
```

　ここでmoveはRectを移動するメソッドです。edgeをY軸方向にslope動かします。この時edgeは変化せず、新しい場所に移動した矩形testが返されることに注意してください。最初にmove_ipでなく、moveを使ったのは、仮に移動して衝突するか否かを検出するためです。

　以下のif文で、天井もしくは床に衝突したか判定しています。

```
if test.top <= 0 or test.bottom >= 600:
```

　衝突した時は向きを変えて、洞窟のサイズを一回り小さくしています。向きを変えるのが以下のコードです。傾きと符号反転に分割して考えるとわかりやすいかもしれません。

```
slope = randint(1, 6) * (-1 if slope > 0 else 1)
```
　　　　　傾きの絶対値を乱数で生成　　　　　　傾きの符号を反転

　edge.inflate_ip(0, -20)でY軸方向のサイズを20小さくしています。次に、edge.move_ip(10, slope)で右端の矩形をX軸方向に+10、Y軸方向にslope分移動します。今回はmoveでなく、move_ipを使って自分自身を移動していることに注意してください。あとは、以下の順番で横スクロールを実行しています。

末尾（右端）に追加	holes.append(edge)
先頭の矩形を削除	del holes[0]
全体を10左へ移動	holes = [x.move(-10, 0) for x in holes]

　以下のコードで自機が洞窟の壁に衝突したか否か判定します。

```
# 衝突 ？
if holes[0].top > ship_y or holes[0].bottom < ship_y + 80:
    game_over = True
```

ship_yは自機のＹ座標（上端）です。下端はship_y+80としてみました。この値を調整すると衝突判定が厳しくなったり緩くなったりします。これらの値が洞窟の左端の矩形holes[0]の範囲に収まっているかを調べています。

あとは描画です。

```
        SURFACE.fill((0, 255, 0))
        for hole in holes:
            pygame.draw.rect(SURFACE, (0, 0, 0), hole)
        SURFACE.blit(ship_image, (0, ship_y))
        score_image = sysfont.render("score is %d" % (score),
                                          True, (0, 0, 225))
        SURFACE.blit(score_image, (600, 20))

        if game_over:
            SURFACE.blit(bang_image, (0, ship_y-40))
```

全画面を緑で塗りつぶし、洞窟の穴の矩形を描画し、自機、スコアと描画しています。ゲームオーバーの時はそのメッセージを表示します。

最後にpygame.display.update()で描画を画面に反映し、タイマーを使ってFPSを調整しています。

説明は以上です。洞窟の変化する度合いに三角関数を使うと、より滑らかな洞窟になると思います。途中で障害物を生成しても面白いかもしれません。

2. マインスイーパー

　埋まっている爆弾を避けつつ、全てのタイルを裏返すゲームです。数字はその周囲に埋まっている爆弾の数を表しています。PyGame では、シューティングのようにキャラクターが移動するゲームだけでなく、このようなパズルゲームも実装できます。

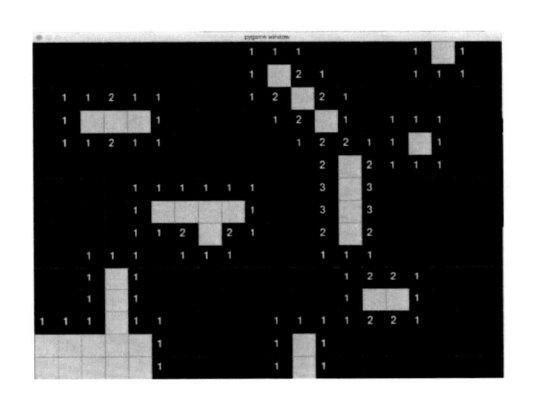
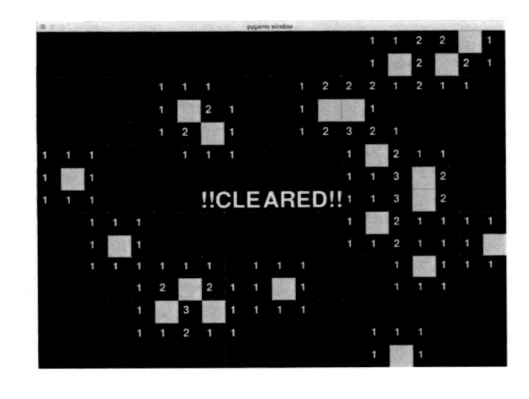

ソースコード（mine_sweeper.py）

```python
""" mine_sweeper.py - Copyright 2016 Kenichiro Tanaka   """
import sys
from math import floor
from random import randint
import pygame
from pygame.locals import QUIT, MOUSEBUTTONDOWN


WIDTH = 20
HEIGHT = 15
SIZE = 50
NUM_OF_BOMBS = 20
EMPTY = 0
BOMB = 1
OPENED = 2
```

```python
OPEN_COUNT = 0
CHECKED = [[0 for _ in range(WIDTH)] for _ in range(HEIGHT)]

pygame.init()
SURFACE = pygame.display.set_mode([WIDTH*SIZE, HEIGHT*SIZE])
FPSCLOCK = pygame.time.Clock()


def num_of_bomb(field, x_pos, y_pos):
    """ 周囲にある爆弾の数を返す """
    count = 0
    for yoffset in range(-1, 2):
        for xoffset in range(-1, 2):
            xpos, ypos = (x_pos + xoffset, y_pos + yoffset)
            if 0 <= xpos < WIDTH and 0 <= ypos < HEIGHT and \
                    field[ypos][xpos] == BOMB:
                count += 1
    return count


def open_tile(field, x_pos, y_pos):
    """ タイルをオープン """
    global OPEN_COUNT
    if CHECKED[y_pos][x_pos]:    # 既にチェック済みのタイル
        return

    CHECKED[y_pos][x_pos] = True

    for yoffset in range(-1, 2):
        for xoffset in range(-1, 2):
            xpos, ypos = (x_pos + xoffset, y_pos + yoffset)
            if 0 <= xpos < WIDTH and 0 <= ypos < HEIGHT and \
                    field[ypos][xpos] == EMPTY:
                field[ypos][xpos] = OPENED
                OPEN_COUNT += 1
                count = num_of_bomb(field, xpos, ypos)
```

```python
            if count == 0 and \
                not (xpos == x_pos and ypos == y_pos):
                open_tile(field, xpos, ypos)

def main():
    """ メインルーチン """
    smallfont = pygame.font.SysFont(None, 36)
    largefont = pygame.font.SysFont(None, 72)
    message_clear = largefont.render("!!CLEARED!!",
                                     True, (0, 255, 225))
    message_over = largefont.render("GAME OVER!!",
                                    True, (0, 255, 225))
    message_rect = message_clear.get_rect()
    message_rect.center = (WIDTH*SIZE/2, HEIGHT*SIZE/2)
    game_over = False

    field = [[EMPTY for xpos in range(WIDTH)]
                for ypos in range(HEIGHT)]

    # 爆弾を設置
    count = 0
    while count < NUM_OF_BOMBS:
        xpos, ypos = randint(0, WIDTH-1), randint(0, HEIGHT-1)
        if field[ypos][xpos] == EMPTY:
            field[ypos][xpos] = BOMB
            count += 1

    while True:
        for event in pygame.event.get():
            if event.type == QUIT:
                pygame.quit()
                sys.exit()
            if event.type == MOUSEBUTTONDOWN and \
                event.button == 1:
```

```python
                xpos, ypos = floor(event.pos[0] / SIZE),\
                             floor(event.pos[1] / SIZE)
            if field[ypos][xpos] == BOMB:
                game_over = True
            else:
                open_tile(field, xpos, ypos)

    # 描画
    SURFACE.fill((0, 0, 0))
    for ypos in range(HEIGHT):
        for xpos in range(WIDTH):
            tile = field[ypos][xpos]
            rect = (xpos*SIZE, ypos*SIZE, SIZE, SIZE)

            if tile == EMPTY or tile == BOMB:
                pygame.draw.rect(SURFACE,
                                 (192, 192, 192), rect)
                if game_over and tile == BOMB:
                    pygame.draw.ellipse(SURFACE,
                                        (225, 225, 0), rect)
            elif tile == OPENED:
                count = num_of_bomb(field, xpos, ypos)
                if count > 0:
                    num_image = smallfont.render(
                        "{}".format(count), True, (255,255,0))
                    SURFACE.blit(num_image,
                        (xpos*SIZE+10, ypos*SIZE+10))

    # 線の描画
    for index in range(0, WIDTH*SIZE, SIZE):
        pygame.draw.line(SURFACE, (96, 96, 96),
            (index, 0), (index, HEIGHT*SIZE))
    for index in range(0, HEIGHT*SIZE, SIZE):
        pygame.draw.line(SURFACE, (96, 96, 96),
```

```
                    (0, index), (WIDTH*SIZE, index))

        # メッセージの描画
        if OPEN_COUNT == WIDTH*HEIGHT - NUM_OF_BOMBS:
            SURFACE.blit(message_clear, message_rect.topleft)
        elif game_over:
            SURFACE.blit(message_over, message_rect.topleft)

        pygame.display.update()
        FPSCLOCK.tick(15)


if __name__ == '__main__':
    main()
```

2-1　概要

　シンプルなゲームなのでクラスは使っていません。縦横の2次元配列でマップの状態を管理しています。マップ内のタイルが取りうる状態は以下の3つのうちのどれかです。

EMPTY	何もない（まだ開いてない）
BOMB	爆弾あり（まだ開いてない）→開いたら即ゲームオーバー
OPENED	既に開いた

　また、今回のゲームでは、open_tile関数が自分自身を呼び出すという技法を使っています。このような使い方を「再帰的（リカーシブ）」と呼びます。

2-2　グローバル変数

　今回のゲームでは画面サイズや爆弾の数などを変更しやすいよう、パラメータとして多くのグローバル変数を使用しています。

WIDTH	横方向のマス目の数
HEIGHT	縦方向のマス目の数
SIZE	1マスの縦横のサイズ
NUM_OF_BOMBS	爆弾の数
EMPTY	マップ上のタイルに何もない状態

BOMB	マップ上のタイルに爆弾がある状態
OPENED	マップ上のタイルが既に空けられた状態
OPEN_COUNT	開かれたタイルの数
CHECKED	タイルの状態を既にチェックしたか記録する配列

　この他にSURFACE（ウインドウ）とFPSCLOCK（フレームレート調整用のタイマー）を使っています。

　先頭のインポート文ではsysモジュールとpygameをインポートしています。また、mathモジュールからfloorを、randomモジュールからrandintを、pygame.localsからQUITとMOUSEBUTTONDOWNを取り込んでいます。

2-3　関数

num_of_bomb(field, x_pos, y_pos)

　あるマスの周囲にある爆弾の数を返す関数です。rangeの2重ループを使ってX軸、Y軸共に-1、0、+1と変化させています。

```
count = 0
for yoffset in range(-1, 2):
    for xoffset in range(-1, 2):
        xpos, ypos = (x_pos + xoffset, y_pos + yoffset)
        if 0 <= xpos < WIDTH and 0 <= ypos < HEIGHT and \
            field[ypos][xpos] == BOMB:
            count += 1
return count
```

　対象となる座標（xpos, ypos）を順番に走査し、爆弾の数を数えていきます。

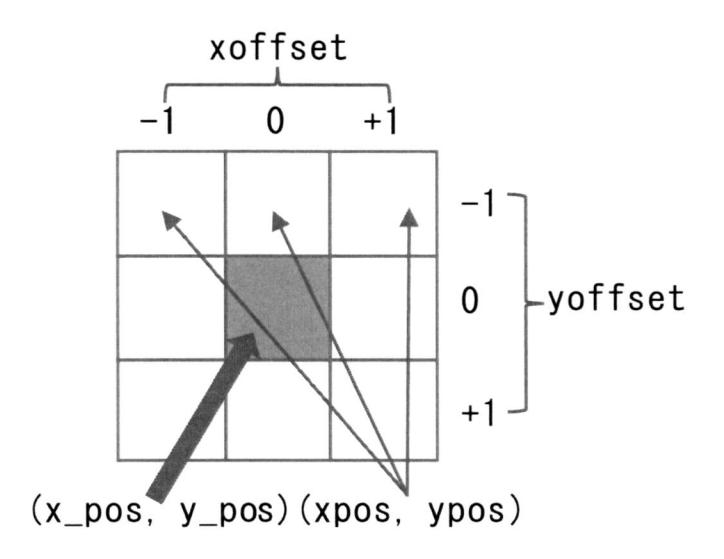

open_tile(field, x_pos, y_pos)

本ゲームの肝となる関数です。少し長いので分割して説明します。

```python
global OPEN_COUNT
if CHECKED[y_pos][x_pos]:    # 既にチェック済みのタイル
    return

CHECKED[y_pos][x_pos] = True
```

OPEN_COUNTは開けたタイルの数を保持するグローバル変数です。この関数からグローバル変数の値を変更する必要があるため、global OPEN_COUNTと宣言しています。

CHECKEDはこのタイルをチェックしたか否かを検査するための2次元配列で、グローバル変数として宣言されています。2次元配列の中身を書き換えますが、CHECKEDに他の値を代入する（＝CHECKEDの参照先を変更する）わけではないため、global宣言は必要ないことに注意してください。

open_tile()関数では周囲に爆弾がない時、隣接するタイルに対して自分自身であるopen_tile()関数を再帰的に呼び出します。再帰的とは「ある関数の中からその関数自身を呼び出すこと」です。

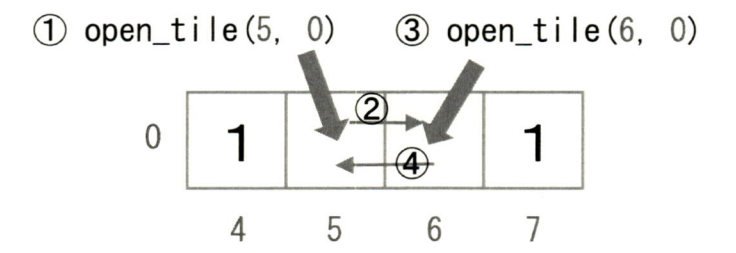

　仮に(5, 0)がクリックされたとします＜①＞。このマスには爆弾がないので周囲のマスも開いていきます。右となりのマスを考えます＜②＞。そのタイルに対してopen_tile(6, 0)が呼び出されます＜③＞。このマスの周囲も同じように調べます。左隣には何もありません。そこでopen_tile(5, 0)を呼び出します。気が付いたでしょうか。このままではずっと処理を繰り返して先に進めなくなってしまいます。このような状態を回避するため、一旦開いたかどうかをCHECKED[y_pos][x_pos]で管理し、それがTrueであれば、何もせずに関数をreturnします。再帰的な関数を使用する場合、無限に同じ関数を呼び出し続けないように注意しなくてはなりません。

```
for yoffset in range(-1, 2):
    for xoffset in range(-1, 2):
        xpos, ypos = (x_pos + xoffset, y_pos + yoffset)
        if 0 <= xpos < WIDTH and 0 <= ypos < HEIGHT and \
            field[ypos][xpos] == EMPTY:
            field[ypos][xpos] = OPENED
            OPEN_COUNT += 1
            count = num_of_bomb(field, xpos, ypos)
            if count == 0 and \
                not (xpos == x_pos and ypos == y_pos):
                open_tile(field, xpos, ypos)
```

　num_of_bombと同じくrangeの2重ループを使ってX軸、Y軸共に-1、0、+1と変化させ、周囲の座標（xpos, ypos）を取得しています。それが範囲内に収まっていて、その値がEMPTYであれば、そのマスをOPENEDにします。OPEN_COUNTの値を1増やし、周囲の爆弾の数を数えます。その数が0であり、自分自身と違う座標であれば、そのマスに対してもopen_tileを呼び出します。

　このように自分自身を再帰的に呼び出すことで、空のタイルがクリックされた時は、隣接する空のタイルが一斉にOPENEDになります。

main()

この関数も長いので順番に見ていきます。

```python
smallfont = pygame.font.SysFont(None, 36)
largefont = pygame.font.SysFont(None, 72)
message_clear = largefont.render("!!CLEARED!!",
                                    True, (0, 255, 225))
message_over = largefont.render("GAME OVER!!",
                                    True, (0, 255, 225))
message_rect = message_clear.get_rect()
message_rect.center = (WIDTH*SIZE/2, HEIGHT*SIZE/2)
game_over = False
```

フォント、メッセージ、メッセージを描画する矩形と初期化していきます。

```python
field = [[EMPTY for xpos in range(WIDTH)]
            for ypos in range(HEIGHT)]
```

上記の行では、リスト内包表記を2重にして2次元配列を初期化しています。
以下のコードでは、爆弾をNUM_OF_BOMBS個配置しています。

```python
count = 0
while count < NUM_OF_BOMBS:
    xpos, ypos = randint(0, WIDTH-1), randint(0, HEIGHT-1)
    if field[ypos][xpos] == EMPTY:
        field[ypos][xpos] = BOMB
        count += 1
```

同じ場所に爆弾を配置しないようにチェックしています。

while True:からメインループに突入します。イベントキューからイベントを取り出し、それがQUITである場合はアプリを終了します。

左クリックであれば、タイルがクリックされたとみなします。

```python
        if event.type == MOUSEBUTTONDOWN and \
```

```
                event.button == 1:
                xpos, ypos = floor(event.pos[0] / SIZE),\
                                    floor(event.pos[1] / SIZE)
                if field[ypos][xpos] == BOMB:
                    game_over = True
                else:
                    open_tile(field, xpos, ypos)
```

event.buttonはマウスボタンの種類で、1は左です。実際にクリックされた座標は event.posで取得できるので、x成分、y成分をSIZEで割って、floorを使って整数にします。このように求めたxpos、yposがタイルのマス目の番号になります。その場所が爆弾だったら（field[ypos][xpos] == BOMB）、ゲームオーバーです。そうでなければ、open_tileでタイルをオープンします。

あとは描画です。黒で塗りつぶし、それぞれのマス目を描画していきます。

```
        SURFACE.fill((0, 0, 0))
        for ypos in range(HEIGHT):
            for xpos in range(WIDTH):
                tile = field[ypos][xpos]
                rect = (xpos*SIZE, ypos*SIZE, SIZE, SIZE)

                if tile == EMPTY or tile == BOMB:
                    pygame.draw.rect(SURFACE,
                                        (192, 192, 192), rect)
                    if game_over and tile == BOMB:
                        pygame.draw.ellipse(SURFACE,
                                        (225, 225, 0), rect)
                elif tile == OPENED:
                    count = num_of_bomb(field, xpos, ypos)
                    if count > 0:
                        num_image = smallfont.render(
                            "%d" % (count), True, (255, 255, 0))
                        SURFACE.blit(num_image,
```

```
        (xpos*SIZE+10, ypos*SIZE+10))
```

縦 range(HEIGHT) と横 range(WIDTH) の2重ループで、それぞれのマスを走査していきます。タイルが EMPTY か BOMB の時は矩形 rect を描画します。ゲームオーバーの時は、爆弾を黄色の ellipse で描画します。既にタイルが開いている時、すなわち OPENED の時は、周囲の爆弾を数え、0より大きい時はその数を描画します。

以下のコードは縦と横の線です。

```
for index in range(0, WIDTH*SIZE, SIZE):
    pygame.draw.line(SURFACE, (96, 96, 96),
        (index, 0), (index, HEIGHT*SIZE))
for index in range(0, HEIGHT*SIZE, SIZE):
    pygame.draw.line(SURFACE, (96, 96, 96),
        (0, index), (WIDTH*SIZE, index))
```

最後にメッセージの描画です。

```
if OPEN_COUNT == WIDTH*HEIGHT - NUM_OF_BOMBS:
    SURFACE.blit(message_clear, message_rect.topleft)
elif game_over:
    SURFACE.blit(message_over, message_rect.topleft)
```

OPEN_COUNT == WIDTH*HEIGHT - NUM_OF_BOMBS が True の時、全てのタイルが開いたことになります。game_over が True の時はゲームオーバーの時です。それぞれに適したメッセージを表示します。

あとは pygame.display.update() で画面を更新し、FPSCLOCK.tick(15) で FPS を調整します。

3. Saturn Voyager

　隕石群を避けてどこまで進めるかを競うゲームです。一見すると3Dのように見えるかもしれませんが、全ての描画は2Dのイメージを使っています。擬似的な3Dに過ぎませんが、それなりの表現になっていると思います。実際に昔のアーケードゲームの中にはこのような擬似3D効果を使ったものも少なくありませんでした。

ソースコード（saturn_voyager.py）

```
""" saturn_voyager.py - Copyright 2016 Kenichiro Tanaka """
import sys
from random import randint
import pygame
from pygame.locals import QUIT, KEYDOWN, KEYUP, \
    K_LEFT, K_RIGHT, K_UP, K_DOWN


pygame.init()
SURFACE = pygame.display.set_mode((800, 800))
FPSCLOCK = pygame.time.Clock()
```

```python
def main():
    """ メインルーチン """
    game_over = False
    score = 0
    speed = 25
    stars = []
    keymap = []
    ship = [0, 0]
    scope_image = pygame.image.load("scope.png")
    rock_image = pygame.image.load("rock.png")

    scorefont = pygame.font.SysFont(None, 36)
    sysfont = pygame.font.SysFont(None, 72)
    message_over = sysfont.render("GAME OVER!!",\
                                    True, (0, 255, 225))
    message_rect = message_over.get_rect()
    message_rect.center = (400, 400)

    while len(stars) < 200:
        stars.append({
            "pos": [randint(-1600, 1600),
                    randint(-1600, 1600), randint(0, 4095)],
            "theta": randint(0, 360)
        })

    while True:
        for event in pygame.event.get():
            if event.type == QUIT:
                pygame.quit()
                sys.exit()
            elif event.type == KEYDOWN:
                if not event.key in keymap:
                    keymap.append(event.key)
```

```python
        elif event.type == KEYUP:
            keymap.remove(event.key)

    # フレーム毎の処理
    if not game_over:
        score += 1
        if score % 10 == 0:
            speed += 1

        if K_LEFT in keymap:
            ship[0] -= 30
        elif K_RIGHT in keymap:
            ship[0] += 30
        elif K_UP in keymap:
            ship[1] -= 30
        elif K_DOWN in keymap:
            ship[1] += 30

        ship[0] = max(-800, min(800, ship[0]))
        ship[1] = max(-800, min(800, ship[1]))

        for star in stars:
            star["pos"][2] -= speed
            if star["pos"][2] < 64:
                if abs(star["pos"][0] - ship[0]) < 50 and \
                    abs(star["pos"][1] - ship[1]) < 50:
                    game_over = True
                star["pos"] = [randint(-1600, 1600),
                        randint(-1600, 1600), 4095]

    # 描画
    SURFACE.fill((0, 0, 0))
    stars = sorted(stars, key=lambda x: x["pos"][2],
            reverse=True)
```

```python
        for star in stars:
            zpos = star["pos"][2]
            xpos = ((star["pos"][0] - ship[0]) << 9) / zpos + 400
            ypos = ((star["pos"][1] - ship[1]) << 9) / zpos + 400
            size = (50 << 9) / zpos
            rotated = pygame.transform.rotozoom(rock_image,
                                    star["theta"], size / 145)
            SURFACE.blit(rotated, (xpos, ypos))

        SURFACE.blit(scope_image, (0, 0))

        if game_over:
            SURFACE.blit(message_over, message_rect)
            pygame.mixer.music.stop()

        # スコアの描画
        score_str = str(score).zfill(6)
        score_image = scorefont.render(score_str, True,
                                    (0, 255, 0))
        SURFACE.blit(score_image, (700, 50))

        pygame.display.update()
        FPSCLOCK.tick(20)

if __name__ == '__main__':
    main()
```

　行数は100行程度です。非常にシンプルなゲームなのでクラスは使用しませんでした。関数も main ひとつだけです。

3-1　座標系

　このゲームは隕石の散らばった空間を、自機が移動する想定です。しかしながら、実装をシンプルにするため、自機はXY平面上を移動するだけで、逆に隕石を自機に近づけるようにXY平面に向かって動かしています。

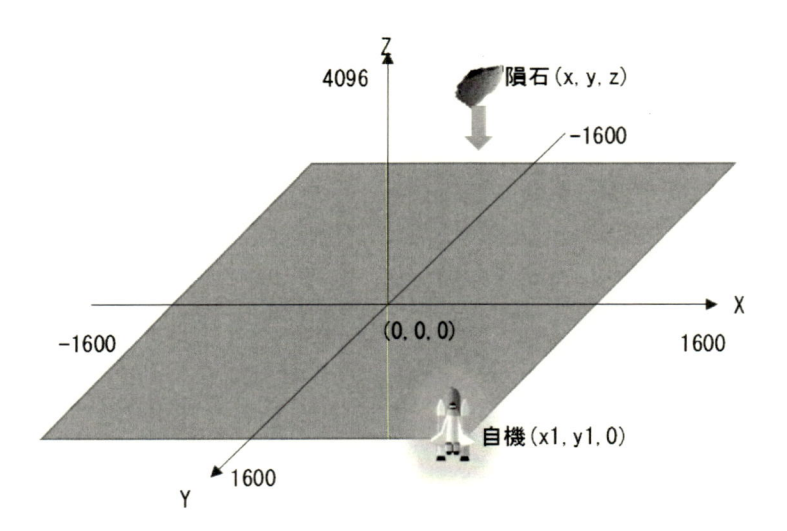

　自機と隕石の座標はリストを使って管理します。自機は常にXY平面にいるのでzは常に0です。よって、[x1，y1]のように要素数が2個のリストで表現できます。一方、隕石はZ軸方向に移動するので、[x，y，z]のように要素数が3個のリストが必要となります。

3-2　グローバル変数・グローバルコード

　今回のゲームで使用しているグローバル変数はSURFACE（ウインドウ）とFPSCLOCK（フレームレート調整用のタイマー）の2つだけです。
　ファイルの先頭で以下のようにモジュールをインポートしています。

```
import sys
from random import randint
import pygame
from pygame.locals import QUIT, KEYDOWN, KEYUP, \
    K_LEFT, K_RIGHT, K_UP, K_DOWN
```

3-3　関数

　今回使用している関数はmainひとつだけです。この関数内で使用している変数を以下に列挙します。

game_over	ゲームオーバーか否かのフラグ
score	スコア
speed	スピード（時間経過と共に加速）
stars	隕石を格納するリスト
keymap	どのキーが押下されているかを示すリスト
ship	自機の座標
scope_image	照準器の画像
rock_image	隕石の画像

以下もローカル変数ですが、メッセージ表示に関わるものです。

```
scorefont = pygame.font.SysFont(None, 36)
sysfont = pygame.font.SysFont(None, 72)
message_over = sysfont.render("GAME OVER!!", True, (0, 255, 225))
message_rect = message_over.get_rect()
message_rect.center = (400, 400)
```

以下のコードで隕石を200個、ランダムに配置しています。個々の隕石は辞書型のデータ構造で表現しています。posは隕石の座標、thetaは回転角です。

```
while len(stars) < 200:
    stars.append({
        "pos": [randint(-1600, 1600),
                randint(-1600, 1600), randint(0, 4095)],
        "theta": randint(0, 360),
    })
```

"pos": [randint(-1600, 1600), randint(-1600, 1600), randint(0, 4095)],
　　　　　　　X軸の値　　　　　　　　　Y軸の値　　　　　　　　　Z軸の値

　次のwhile文からがメインループです。イベントキューからイベントeventを取得し、QUITであればゲームを終了します。keymapは、現在どのキーが押下されているか保持するリストです。イベントがKEYDOWNで、かつ、keymapになければkeymapに追加します。イベントがKEYUPであればkeymapから取り除きます。

```
    while True:
        for event in pygame.event.get():
            if event.type == QUIT:
                pygame.quit()
                sys.exit()
            elif event.type == KEYDOWN:
                if not event.key in keymap:
                    keymap.append(event.key)
            elif event.type == KEYUP:
                keymap.remove(event.key)
```

　ゲームオーバーになっていない時は以下の処理を行います。フレーム毎にscoreを1増やし、scoreが10の倍数になったらspeedを1増やします。

```
        if not game_over:
            score += 1
            if score % 10 == 0:
                speed += 1

            if K_LEFT in keymap:
                ship[0] -= 30
            elif K_RIGHT in keymap:
                ship[0] += 30
            elif K_UP in keymap:
                ship[1] -= 30
            elif K_DOWN in keymap:
                ship[1] += 30

            ship[0] = max(-800, min(800, ship[0]))
            ship[1] = max(-800, min(800, ship[1]))
```

　keymapの状態に応じて自機の座標（ship[0]、ship[1]）を更新します。maxとminを組み合わせて、座標が-800以上800以下になるように制限しています。このような式は通常の計算式と同様に内側から見ていきます。

　まず、min (800, ship[0])でX座標と800の小さい方を取得します。これで上限が800に

制限されます。次に max(-800,…) で、その戻り値と-800を比べて大きい値を取得します。このように記述することで、if文を使用することなく、1行で変数の範囲を制限することができます。ちょっと覚えておくと便利な小技です。

以下は隕石を移動するコードです。

```
for star in stars:
    star["pos"][2] -= speed
    if star["pos"][2] < 64:
        if abs(star["pos"][0] - ship[0]) < 50 and \
            abs(star["pos"][1] - ship[1]) < 50:
            game_over = True
        star["pos"] = [randint(-1600, 1600),
                        randint(-1600, 1600), 4095]
```

for文で順番に隕石を取り出しています。隕石の情報は辞書型で管理されています。star["pos"] で、座標のリストが取得できます。star["pos"][2] がZ座標の値です。Z座標の値を speed 分減らしています。

次は衝突判定です。隕石がXY平面に近づいたかを star["pos"][2] < 64 で判定します。この式がTrueであれば、あとはX、Y座標での距離を調べます。abs(a)は絶対値を取得する関数です。abs(star["pos"][0] - ship[0]) で隕石と自機のX軸方向の距離が求まります。同じようにY軸方向の距離も求め、これらの値が共に50より小さい時に衝突game_over = Trueとみなしています。

衝突していない時は、隕石を一番遠い位置に配置しています。

あとは描画です。まず背景を黒で塗りつぶします。

```
SURFACE.fill((0, 0, 0))
stars = sorted(stars, key=lambda x: x["pos"][2], reverse=True)
```

今回のゲームでは、隕石の大きさが全て同じと仮定しています。隕石を描画する時は遠くにあるものを先に描画しないと、左下図のように不自然な描画結果となります。右下図にあるように遠くの隕石が先に描画されるように、sortedを使って隕石をZ軸の大きい順番に並べ替えています。

以下のコードで隕石を描画します。

```
for star in stars:
    zpos = star["pos"][2]
    xpos = ((star["pos"][0] - ship[0]) << 9) / zpos + 400
    ypos = ((star["pos"][1] - ship[1]) << 9) / zpos + 400
    size = (50 << 9) / zpos
    rotated = pygame.transform.rotozoom(rock_image,
                                   star["theta"], size / 145)
    SURFACE.blit(rotated, (xpos, ypos))
```

xとyの座標値の計算には若干の工夫があります。xから見ていきましょう。自機から眺めた様子（自機を視点の中心として）を描画したいので、まず、(star["pos"][0] - ship[0])で、隕石と自機とのX軸の差分を求めます。描画する際は、距離も考慮する必要があります。距離が遠い時は、描画サイズを小さくすると共に、中心からの差分もより小さくする必要があります。

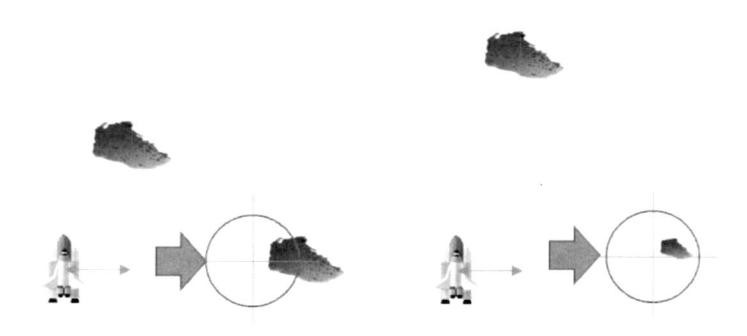

そこで、この差分(star["pos"][0] - ship[0])を距離zposで割ることにします。

ただ、モデルとする空間は-1600から1600までの範囲という範囲で、差分もこの範囲に収まります。この値を単純に距離で割ると、値が小さくなりすぎてしまい、立体感が生まれません。そこで、((star["pos"][0] - ship[0]) << 9)として、差分を拡大（512倍）していま

す。この値はいろいろためして適当に設定したものです。

　ここで、「<< 9」がなぜ512倍なのかは説明が必要でしょう。この「<<」はシフト演算子といって、各ビットを指定された分だけ左方向にシフトするものです。今回の場合は9ビット左方向に移動しています。2進数は桁上がりすると2倍になります。一番右のビットが1だった時に、左に移動するたびに、2、4、8、16…と増えることからもわかると思います。例えば、6は二進数で110ですが、左に9個移動すると以下のように512倍されて3072となります。

```
0000 0000 0110 = 6
1100 0000 0000 = 6 x 512 = 3072
```

　では、なぜ((star["pos"][0] - ship[0]) * 512)と書かなかったのでしょうか？実はそのように書いても全く問題ありません。ただ、一般的にシフト演算は極めて高速に実行されます。「ちょうど500倍でないと困るんだ、512ではダメなんだ！」のように強いこだわりがない場合、シフト演算を使う選択肢もあるということを紹介したかったので、上記のような実装にしました。

　次に、512倍した値をzposで割っていますが、これは先述したように、遠くの隕石ほど画面中央からの差分を小さくするための処理です。+400は、800×800という描画領域の中心を原点とするためのものです。Y軸方向の処理もX軸方向と全く同じです。

　描画用の座標が求まったらrotozoomメソッドで、回転・ズームした画像を取得し、SURFACE.blit(rotated, (xpos, ypos))でその画像を描画します。

　あとは、照準器の画像を描画し、ゲームオーバー時にはそのメッセージを描画し、スコアを描画します。点数を0でパディングするためにzfillメソッドを使っています。zfillは対象となる文字列の左側を「0」で埋めてくれるメソッドです。ゲームではスコアなどを表示する際、桁数を揃えるために先頭に0を付与されることがありますが、その効果を簡単に表現できます。

```
SURFACE.blit(scope_image, (0, 0))


if game_over:
    SURFACE.blit(message_over, message_rect)
    pygame.mixer.music.stop()


# スコアの描画
score_str = str(score).zfill(6)
```

```
score_image = scorefont.render(score_str, True,
                               (0, 255, 0))
SURFACE.blit(score_image, (700, 50))
```

　最後に、描画内容を画面に反映させるため`pygame.display.update()`を呼び出し、`FPSCLOCK.tick(20)`でフレームレートを調整しています。

　擬似3Dゲームを見てきました。距離に応じて描画する座標を変更するという考え方は、実際の3Dモデルを描画する時にも利用できます。是非マスターしておきましょう。

4. Snake

　上下左右キーでSnake（へび）を操作して、エサを食べさせてください。1つエサを食べるたびに1つ成長します。上下左右の壁、自分自身にぶつからずにどこまで成長できるでしょうか？　シンプルなわりには中毒性のあるゲームだと思います。

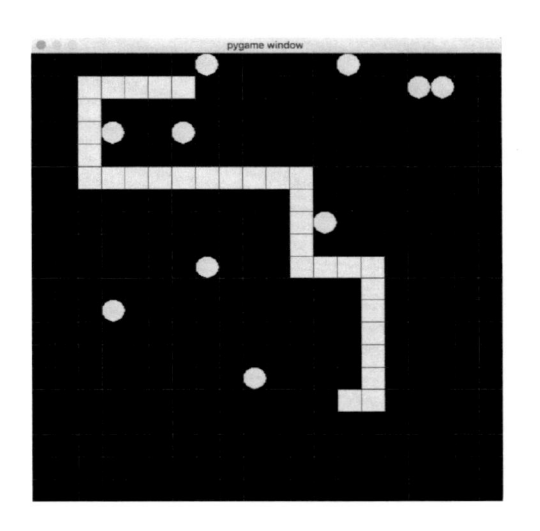 

　挙動が全く同じゲームでも作り方は無限にあります。今回は関数だけで実装した例と、クラスを使った例の2種類を作ってみました。まず、関数だけのバージョンをご覧ください。

ソースコード：関数バージョン（snake_bite.py）

```
""" snake_bite.py- Copyright 2016 Kenichiro Tanaka """
import sys
import random
import pygame
from pygame.locals import QUIT, KEYDOWN,\
    K_LEFT, K_RIGHT, K_UP, K_DOWN, Rect

pygame.init()
SURFACE = pygame.display.set_mode((600, 600))
```

```python
FPSCLOCK = pygame.time.Clock()


FOODS = []
SNAKE = []
(W, H) = (20, 20)


def add_food():
    """ ランダムな場所に餌を配置 """
    while True:
        pos = (random.randint(0, W-1), random.randint(0, H-1))
        if pos in FOODS or pos in SNAKE:
            continue
        FOODS.append(pos)
        break


def move_food(pos):
    """ 餌を別の場所へ移動 """
    i = FOODS.index(pos)
    del FOODS[i]
    add_food()


def paint(message):
    """ 画面全体の描画 """
    SURFACE.fill((0, 0, 0))
    for food in FOODS:
        pygame.draw.ellipse(SURFACE, (0, 255, 0),
                        Rect(food[0]*30, food[1]*30, 30, 30))
    for body in SNAKE:
        pygame.draw.rect(SURFACE, (0, 255, 255),
                        Rect(body[0]*30, body[1]*30, 30, 30))
    for index in range(20):
        pygame.draw.line(SURFACE, (64, 64, 64), (index*30, 0),
                        (index*30, 600))
        pygame.draw.line(SURFACE, (64, 64, 64), (0, index*30),
```

```python
                               (600, index*30))
    if message != None:
        SURFACE.blit(message, (150, 300))
    pygame.display.update()

def main():
    """ メインルーチン """
    myfont = pygame.font.SysFont(None, 80)
    key = K_DOWN
    message = None
    game_over = False
    SNAKE.append((int(W/2), int(H/2)))
    for _ in range(10):
        add_food()

    while True:
        for event in pygame.event.get():
            if event.type == QUIT:
                pygame.quit()
                sys.exit()
            elif event.type == KEYDOWN:
                key = event.key

        if not game_over:
            if key == K_LEFT:
                head = (SNAKE[0][0] - 1, SNAKE[0][1])
            elif key == K_RIGHT:
                head = (SNAKE[0][0] + 1, SNAKE[0][1])
            elif key == K_UP:
                head = (SNAKE[0][0], SNAKE[0][1] - 1)
            elif key == K_DOWN:
                head = (SNAKE[0][0], SNAKE[0][1] + 1)

            if head in SNAKE or \
```

```python
            head[0] < 0 or head[0] >= W or \
            head[1] < 0 or head[1] >= H:
                message = myfont.render("Game Over!",
                                        True, (255, 255, 0))
                game_over = True

            SNAKE.insert(0, head)
            if head in FOODS:
                move_food(head)
            else:
                SNAKE.pop()

        paint(message)
        FPSCLOCK.tick(5)

if __name__ == '__main__':
    main()
```

4-1 概要（関数バージョン）

ヘビもエサもグローバル変数のリストでデータを管理しています。配列への挿入や削除、要素の有無の判定など、Pythonでリストを扱う時の例として参考になると思います。

4-2 グローバル変数

今回のゲームでは以下のグローバル変数を使用しています。

FOODS	エサの座標（xとyのタブル）を格納した配列
SNAKE	ヘビの座標（xとyのタブル）を格納した配列
(W, H)	画面の幅Wと高さH

この他にSURFACE（ウインドウ）とFPSCLOCK（フレームレート調整用のタイマー）を使っています。

4-3 関数

add_food()

ランダムな場所にエサを配置する関数です。既にエサがある場所や、蛇の胴体に重ならないようにしています。

```
while True:
    pos = (random.randint(0, W-1), random.randint(0, H-1))
    if pos in FOODS or pos in SNAKE:
        continue
    FOODS.append(pos)
    break
```

random.randint()を使って、ランダムな座標posを幅、高さの範囲内で求めています。その場所が配列FOODSや配列SNAKEに含まれていたら、乱数の生成をやり直すため、continue文でループの先頭に戻ります。in演算子を使って、配列に含まれているか判定していることに注目してください。そうでなければ、新しい座標posをFOODSに追加し、breakでwhile文を抜けて呼び出し元に戻ります。

このように、繰り返すループの数が事前にわからない場合は、while文を使うと良いでしょう。

move_food(pos)

引数で与えられたエサの場所を別の場所に移動する関数です。i = FOODS.index(pos)で引数の座標の番号を求め、その座標をdel FOODS[i]で配列から削除しています。最後にadd_food()でエサを新規の場所に追加しています。

paint(message)

画面を描画する関数です。まずSURFACE.fill((0, 0, 0))で画面を黒で塗りつぶします。エサとヘビを描画するのが以下のコードです。

```
for food in FOODS:
    pygame.draw.ellipse(SURFACE, (0, 255, 0),
                        Rect(food[0]*30, food[1]*30, 30,30))
for body in SNAKE:
    pygame.draw.rect(SURFACE, (0,255,255),
                     Rect(body[0]*30, body[1]*30, 30, 30))
```

配列から座標を順番に取り出し、それぞれ円ellipseと矩形rectを描画しています。円は、pygame.draw.circle(Surface,色,中心の座標,半径)でも描画することができます。今回のように領域の中に円や楕円を描画する場合はellipseの方が便利です。状況に応じて使い分けてください。

　以下のコードで盤の線を描画しています。

```
for index in range(20):
    pygame.draw.line(SURFACE, (64, 64, 64), (index*30, 0),
                     (index*30, 600))
    pygame.draw.line(SURFACE, (64, 64, 64), (0, index*30),
                     (600, index*30))
```

　メッセージmessageがある時はそれを描画し、最後にpygame.display.update()で描画内容を画面に反映しています。

main()

　メインルーチンです。フォントの作成、キーコードkeyの初期化（最初に下矢印を押した状態で開始）、メッセージ用変数messageの初期化を行っています。ヘビは画面中央の1座標（int(W/2), int(H/2)）から始まります。その後、エサを10個追加しています。

```
for _ in range(10):
    add_food()
```

　エサの数分（10回）繰り返したいので、range(10)を使っています。番号は利用しないので「_」を指定しています。番号にiやjといった変数を使っても、全く問題ありません。今回のサンプルは全てPylintというスタイルチェッカー（プログラムに文法的なミスがないか、もしくは、コーディングスタイルが規約に沿っているかなどをチェックするツール）で検査しています。Pylintは、コマンドラインから「pip install pylint」を実行することでインストールできます。インストールしたあとは、「pylint ファイル名」とすると実行できます。

　実行例を以下に示します。pygameそのものをチェック対象から外す場合は、「--extension-pkg-whitelist=pygame」のように指定します。

```
c:\Temp>pylint --extension-pkg-whitelist=pygame snake_bite.py
No config file found, using default configuration
************* Module snake_bite
```

```
R: 44, 0: Too many branches (13/12) (too-many-branches)


Report
======
68 statements analysed.

Statistics by type
------------------


+---------+-------+-----------+-----------+------------+---------+
|type     |number |old number |difference |%documented |%badname |
+=========+=======+===========+===========+============+=========+
|module   |1      |1          |=          |100.00      |0.00     |
…
Global evaluation
-----------------
Your code has been rated at 9.85/10 (previous run: 3.97/10, +5.88)


c:\Temp>
```

　いろいろな情報が表示されますが、最終的に"Your code has been rated at…"と10点満点での評価がなされます。

　Pylintでは、ループ用の変数が未使用だと「変数〜がループで使われていません」という旨の警告を出されます。それを回避するために「_」を使用しました。以下のように書き換えても良いでしょう。

```
    while len(FOODS) < 10:
        add_food()
```

　while True:からがメインループです。イベントキューからイベントを取得します。イベントがQUITであればゲームを終了します。KEYDOWNであれば、そのキーコードをkeyに格納します。

　if not game_over:はゲームオーバーになっていない時、すなわち通常時のゲーム処理を

行うブロックです。キーの上下左右に応じて次の頭 head の位置を求めています。

　次の if 文で衝突判定を行っています。

```
if head in SNAKE or \              ←自分自身への衝突
    head[0] < 0 or head[0] >= W or \      ←左右の壁への衝突
    head[1] < 0 or head[1] >= H:        ←上下の壁への衝突
    message = myfont.render("Game Over!", True, (255, 255, 0))
    game_over = True
```

どれか 1 つでも衝突判定が True になった場合に、ゲームオーバーとしています。

　以下のコードでヘビを動かしています。先頭に頭 head を挿入し、もしその場所にエサがあれば、move_food(head) でその位置にあるエサを動かします。そうでない場合は、ヘビの尻尾を pop() で取り除きます。

```
        SNAKE.insert(0, head)
        if head in FOODS:
            move_food(head)
        else:
            SNAKE.pop()
```

　insert は配列の指定された場所に要素を挿入するメソッドです。pop は末尾から要素を取り出すメソッドです。あとは、paint(message) で画面を描画し、FPSCLOCK.tick(5) で FPS を調整しています。

　次にオブジェクト指向バージョンのソースを示します。

4-4　概要（オブジェクト指向バージョン）

　ヘビを Snake クラスとして実装しました。全体のコード行数は若干長くなっていますが、main() 関数の見通しはスッキリしました。関数バージョンと重複する部分は説明を省略します。

ソースコード:オブジェクト指向バージョン（snake_bite_oop.py）
```
""" snake_bite_oop.py - Copyright 2016 Kenichiro Tanaka """
import sys
```

```python
import random
import pygame
from pygame.locals import QUIT, \
    KEYDOWN, K_LEFT, K_RIGHT, K_UP, K_DOWN, Rect

pygame.init()
pygame.key.set_repeat(5, 5)
SURFACE = pygame.display.set_mode([600, 600])
FPSCLOCK = pygame.time.Clock()

class Snake:
    """ Snakeオブジェクト """
    def __init__(self, pos):
        self.bodies = [pos]

    def move(self, key):
        """ Snakeを1コマ分移動 """
        xpos, ypos = self.bodies[0]
        if key == K_LEFT:
            xpos -= 1
        elif key == K_RIGHT:
            xpos += 1
        elif key == K_UP:
            ypos -= 1
        elif key == K_DOWN:
            ypos += 1
        head = (xpos, ypos)

        # ゲームオーバー判定
        is_game_over = head in self.bodies or  \
            head[0] < 0 or head[0] >= W or \
            head[1] < 0 or head[1] >= H

        self.bodies.insert(0, head)
```

```python
            if head in FOODS:
                # 餌を別の場所へ移動
                i = FOODS.index(head)
                del FOODS[i]
                add_food(self)
            else:
                self.bodies.pop()

        return is_game_over

    def draw(self):
        """ Snakeを描画する """
        for body in self.bodies:
            pygame.draw.rect(SURFACE, (0, 255, 255),
                             Rect(body[0]*30, body[1]*30, 30, 30))

FOODS = []
(W, H) = (20, 20)

def add_food(snake):
    """ ランダムな場所に餌を配置 """
    while True:
        pos = (random.randint(0, W-1), random.randint(0, H-1))
        if pos in FOODS or pos in snake.bodies:
            continue
        FOODS.append(pos)
        break

def paint(snake, message):
    """ 画面全体の描画 """
    SURFACE.fill((0, 0, 0))
    snake.draw()
    for food in FOODS:
        pygame.draw.ellipse(SURFACE, (0, 255, 0),
```

```python
                                Rect(food[0]*30, food[1]*30, 30, 30))
    for index in range(20):
        pygame.draw.line(SURFACE, (64, 64, 64),
                         (index*30, 0), (index*30, 600))
        pygame.draw.line(SURFACE, (64, 64, 64),
                         (0, index*30), (600, index*30))
    if message != None:
        SURFACE.blit(message, (150, 300))
    pygame.display.update()


def main():
    """ メインルーチン """
    myfont = pygame.font.SysFont(None, 80)
    key = K_DOWN
    message = None
    game_over = False
    snake = Snake((int(W/2), int(H/2)))
    for _ in range(10):
        add_food(snake)

    while True:
        for event in pygame.event.get():
            if event.type == QUIT:
                pygame.quit()
                sys.exit()
            elif event.type == KEYDOWN:
                key = event.key

        if game_over:
            message = myfont.render("Game Over!", True,
                                    (255, 255, 0))
        else:
            game_over = snake.move(key)
```

```
        paint(snake, message)
        FPSCLOCK.tick(5)


if __name__ == '__main__':
    main()
```

4-5　クラス

ヘビの初期化、移動、描画をクラスとして実装しています。

__init__(self, pos)

コンストラクタです。オブジェクトを初期化します。引数posは初期座標です。

```
self.bodies = [pos]
```

bodiesはヘビの座標を格納したリストです。関数バージョンのグローバル変数SNAKEに該当するものです。コンストラクタでは、このリストをposで初期化しています。

move(self, key)

ヘビを移動するメソッドです。引数でキーコードを受け取ります。先頭のX座標とY座標を、ローカル変数xpos、yposに格納しています。

```
xpos, ypos = self.bodies[0]
```

キーの値に応じてxposとyposの値を適切に変更し、頭headの座標を(xpos，ypos)として初期化しています。

ゲームオーバーの判定は関数版と同じです。結果をローカル変数is_game_overに格納しています。

```
        is_game_over = head in self.bodies or  \
            head[0] < 0 or head[0] >= W or \
            head[1] < 0 or head[1] >= H
```

新しい頭headを配列bodiesの先頭に挿入します。もしheadがFOODSに含まれていたら、エ

サを食べたことになります。その場合はエサを別の場所に移動します。そうでなければbodies
の末尾を取り除きます。最後に is_game_over を関数の戻り値として返します。

```
        self.bodies.insert(0, head)
        if head in FOODS:
            # 餌を別の場所へ移動
            i = FOODS.index(head)
            del FOODS[i]
            add_food(self)
        else:
            self.bodies.pop()


        return is_game_over
```

draw(self)

　ヘビを描画します。配列 bodies から順番に要素を取り出し、その要素の位置に矩形を描画し
ています。

　ここまでクラスの内容を詳しく見てきました。「関数バージョンとあまり違わないなぁ」とい
う印象を持たれたかもしれません。オブジェクト指向的なアプローチでは、クラスを作成する
側よりも、呼び出し側の方がメリットを実感できると思います。では、呼び出し側となる関数
を見ていきましょう。

add_food(snake)

　ランダムな場所にエサを配置します。処理内容は関数版と同じです。

paint(snake, message)

　処理内容は関数版とほぼ同じです。ヘビを描画するコードが snake.draw() となっている
点のみが異なります。

main()

　メインループ入る前の部分は関数版と同じです。メインループは以下の通りです。前半のイ
ベントキューからイベントを取り出すところは同じです。違うのは後半です。

```
    while True:
```

```
        for event in pygame.event.get():
            if event.type == QUIT:
                pygame.quit()
                sys.exit()
            elif event.type == KEYDOWN:
                key = event.key

        if game_over:
            message = myfont.render("Game Over!", True,
                                    (255, 255, 0))
        else:
            game_over = snake.move(key)

        paint(snake, message)
        FPSCLOCK.tick(5)
```

snake.move(key) でヘビを動かして、paint(snake, message) で画面を描画しています。関数版に比べると、ずっとシンプルになっていることがわかります。

オブジェクト指向版の解説は以上です。このくらいのサイズのプログラムでは、クラスを導入した利点はあまり実感できなかったかもしれません。しかし、規模が大きくなった時に、クラスはその真価を発揮します。

人間は抽象化が得意です。複雑な事象は抽象化して考えます。プログラミングも同じです。関数は、複雑な処理を1つにまとめて抽象化します。今まで見てきたプログラムを、関数を使わずに記述できるでしょうか？　おそらく、とても大変なはずです。

クラスによる抽象化は関数による抽象化をさらに一歩進めたものです。状況が複雑になった時ほど、抽象化の真価が発揮されます。これから、いくつかゲームを紹介していきますが、クラスを使ったものも少なくありません。「クラスがなかったらどうなるか」と考えながら読み進めていただければ、その意義がより一層理解できると思います。

5. ブロック

　説明は不要だと思います。画面下部にあるパドルを操作してボールを跳ね返し、画面上にあるブロックを全て消すゲームです。

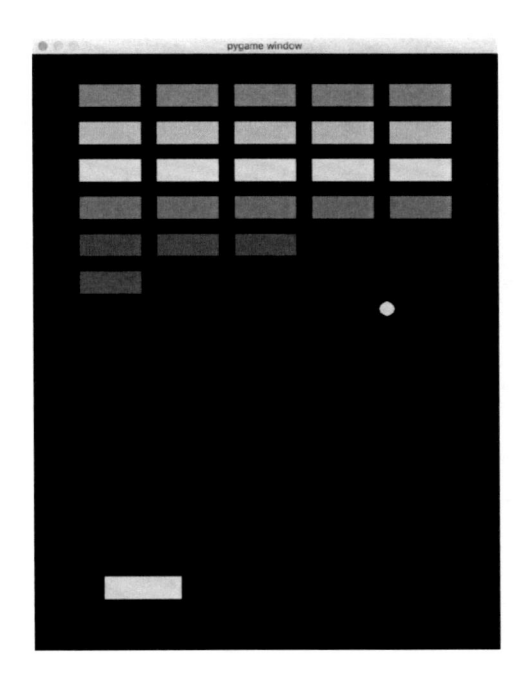 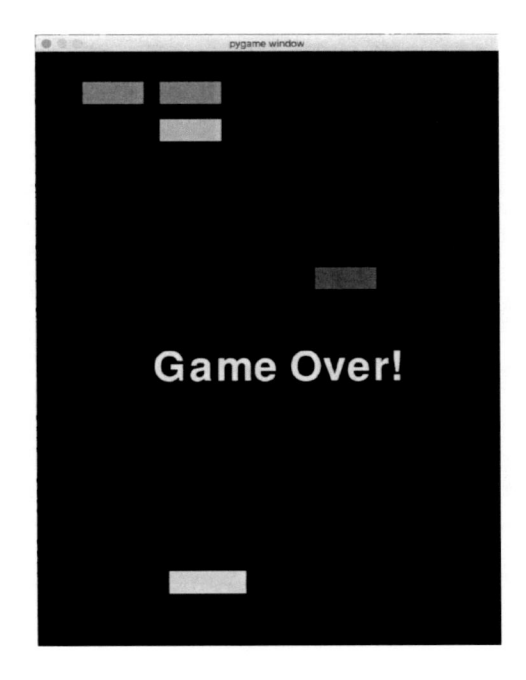

ソースコード（blocks.py）

```python
""" blocks.py - Copyright 2016 Kenichiro Tanaka """
import sys
import math
import random
import pygame
from pygame.locals import QUIT, KEYDOWN, K_LEFT, K_RIGHT, Rect

class Block:
    """ ブロック・ボール・パドルオブジェクト """
```

```python
    def __init__(self, col, rect, speed=0):
        self.col = col
        self.rect = rect
        self.speed = speed
        self.dir = random.randint(-45, 45) + 270

    def move(self):
        """ ボールを動かす """
        self.rect.centerx += math.cos(math.radians(self.dir))\
            * self.speed
        self.rect.centery -= math.sin(math.radians(self.dir))\
            * self.speed

    def draw(self):
        """ ブロック・ボール・パドルを描画する """
        if self.speed == 0:
            pygame.draw.rect(SURFACE, self.col, self.rect)
        else:
            pygame.draw.ellipse(SURFACE, self.col, self.rect)

def tick():
    """ 毎フレーム処理 """
    global BLOCKS
    for event in pygame.event.get():
        if event.type == QUIT:
            pygame.quit()
            sys.exit()
        elif event.type == KEYDOWN:
            if event.key == K_LEFT:
                PADDLE.rect.centerx -= 10
            elif event.key == K_RIGHT:
                PADDLE.rect.centerx += 10
    if BALL.rect.centery < 1000:
        BALL.move()
```

```python
        # ブロックと衝突？
        prevlen = len(BLOCKS)
        BLOCKS = [x for x in BLOCKS
                        if not x.rect.colliderect(BALL.rect)]
        if len(BLOCKS) != prevlen:
            BALL.dir *= -1


        # パドルと衝突？
        if PADDLE.rect.colliderect(BALL.rect):
            BALL.dir = 90 + (PADDLE.rect.centerx - BALL.rect.centerx) \
                / PADDLE.rect.width * 80


        # 壁と衝突？
        if BALL.rect.centerx < 0 or BALL.rect.centerx > 600:
            BALL.dir = 180 - BALL.dir
        if BALL.rect.centery < 0:
            BALL.dir = -BALL.dir
            BALL.speed = 15


pygame.init()
pygame.key.set_repeat(5, 5)
SURFACE = pygame.display.set_mode((600, 800))
FPSCLOCK = pygame.time.Clock()
BLOCKS = []
PADDLE = Block((242, 242, 0), Rect(300, 700, 100, 30))
BALL = Block((242, 242, 0), Rect(300, 400, 20, 20), 10)


def main():
    """ メインルーチン """
    myfont = pygame.font.SysFont(None, 80)
    mess_clear = myfont.render("Cleared!", True, (255, 255, 0))
    mess_over = myfont.render("Game Over!", True, (255, 255, 0))
    fps = 30
```

```python
    colors = [(255, 0, 0), (255, 165, 0), (242, 242, 0),
              (0, 128, 0), (128, 0, 128), (0, 0, 250)]

    for ypos, color in enumerate(colors, start=0):
        for xpos in range(0, 5):
            BLOCKS.append(Block(color,
                    Rect(xpos * 100 + 60, ypos * 50 + 40, 80, 30)))

    while True:
        tick()

        SURFACE.fill((0, 0, 0))
        BALL.draw()
        PADDLE.draw()
        for block in BLOCKS:
            block.draw()

        if len(BLOCKS) == 0:
            SURFACE.blit(mess_clear, (200, 400))
        if BALL.rect.centery > 800 and len(BLOCKS) > 0:
            SURFACE.blit(mess_over, (150, 400))

        pygame.display.update()
        FPSCLOCK.tick(fps)

if __name__ == '__main__':
    main()
```

5-1 概要

　画面上に描画される要素はパドル、ブロック、ボールの3つです。一見すると別物ですが、単色で塗りつぶす、一定の領域を有するなどの共通点があります。

	パドル	ブロック	ボール
描画	矩形、塗り潰し 領域は Rect で指定	矩形、塗り潰し 領域は Rect で指定	円、塗り潰し 領域は Rect で指定
動き	ユーザが動かす	動かない	自動で動く

　ボールだけは円形で、自分で移動するため、向きとスピードという情報が必要です。そこで、スピードというプロパティを持たせ、スピードが0なら矩形、そうでなければ円形、と区別することにしました。

　3つを別のクラスとして実装しても全く問題ありません。今回はコード量を削減したかったので1つのクラスで実装しました。

5-2　グローバル変数

　今回のゲームでは以下のグローバル変数を使用しています。

BLOCKS	ブロックオブジェクトを格納するリスト
PADDLE	パドルオブジェクト（Block クラスのインスタンス）
BALL	ボールオブジェクト（Block クラスのインスタンス）

　この他にSURFACE（ウインドウ）とFPSCLOCK（フレームレート調整用のタイマー）という変数を使っています。

5-3　クラスと関数

Blockクラス

プロパティ

col	塗りつぶし色
rect	描画する矩形（位置と大きさ）
speed	移動速度、ボールのみ、デフォルト0
dir	移動の向き（単位：度）－ボールのみ使用

メソッド

move	ボールを動かす
draw	描画する（ボール：円、他：矩形）

　プロパティはコンストラクタで初期化します。

```
def __init__(self, col, rect, speed=0):
```

　speed=0とデフォルト値の指定があります。ボールのオブジェクトを作成する時は、速度speedを指定します。ブロックとパドルは速度指定をしません。ボールの発射角度は、270度を中心に±45度になるよう乱数で決めています。

```
self.dir = random.randint(-45, 45) + 270
```

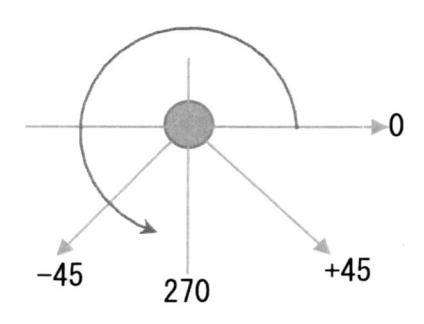

　ボールの移動はmoveメソッドで行います。

```
        self.rect.centerx += math.cos(math.radians(self.dir))\
            * self.speed
        self.rect.centery -= math.sin(math.radians(self.dir))\
            * self.speed
```

　方向dirを関数math.radians()でラジアンに変換し、その値をcos/sinに引き渡してX軸方向とY軸方向の成分を求め、最後にspeedをかけて実際の移動量を求めています。

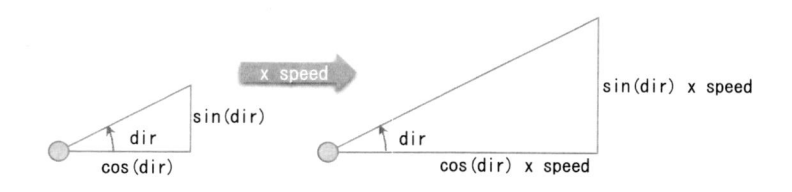

　PC画面ではY軸は下方向が正となるため、centeryに値を加える時に符合を逆にしていることに注意してください。

　描画はdrawメソッドで行っていますが、speedが0か否かで矩形か円を切り替えています。

指定された場所rectに、指定された色colで、単に描画を行うだけです。

tick()

　毎フレーム呼び出される関数です。pygameのイベントを取り出し、QUITであればゲームを終了します。イベントの種類typeがKEYDOWNで、そのkeyがK_LEFTであれば、パドルのX座標を-10、K_RIGHTであれば+10しています。これにより左右キーの押下でパドルが移動します。次にBALL.move()でボールを移動します。

　移動したあとは、衝突判定です。まずはブロックとの衝突です。最初に、衝突前のブロックを数えます。次に、ボールと衝突したブロックをリストから削除します。最後に、衝突後のブロックを数えます。衝突前と衝突後のブロック数が違う場合、「ボールがブロックに当たった」ということなので、ボールの向きを変更します。その部分のコードが以下の通りです。

```
prevlen = len(BLOCKS)
BLOCKS = [x for x in BLOCKS
            if not x.rect.colliderect(BALL.rect)]
if len(BLOCKS) != prevlen:
    BALL.dir *= -1
```

　衝突前のブロック数をlen(BLOCKS)で求め、変数prevlenに格納します。衝突したブロックを取り除く処理は、リスト内包表記を使って記述しています。

```
[x       for x        in BLOCKS         if not x.rect.colliderect(BALL.rect)]
   変数xに格納   BLOCKS配列から    ボールの矩形(rect)がBallの領域と重ならないならば
```

　Rectクラスのcolliderectメソッドを使い、2つの領域の重なりの有無を検出します。このようにリスト内包表記を使用すると、「BLOCKS配列の中で、BALLと重なっていない要素からなるリストを返す」という処理が簡単に記述できました。

　ボールの向きを変更するのはBALL.dir *= -1という処理です。

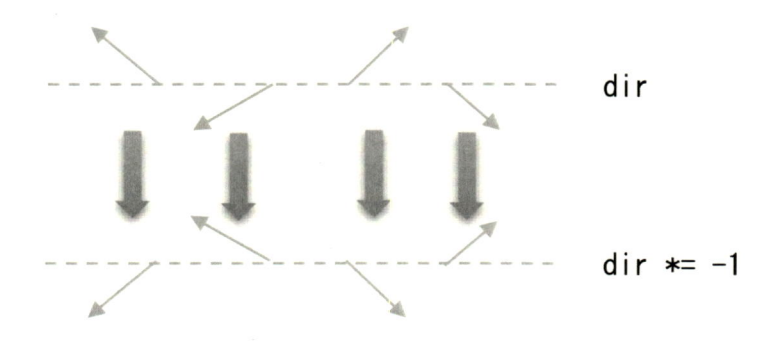

　例えば、45度の角度で進んでいるボールが-45度に向きを変える状況を想像すると、-1を掛ける意味がわかると思います。

　次は、パドルとの衝突です。パドルとの衝突も、Rectのcolliderectメソッドを使います。パドルにぶつかって反射する場合は、衝突場所によって反射角が変わるように調整しています。上方向が90度です。パドルの中心とボールの中心の距離を求め、その値をパドルの幅で割っています。その値に定数（仮に80としました）を掛け合わせ、中心の90を加えています。

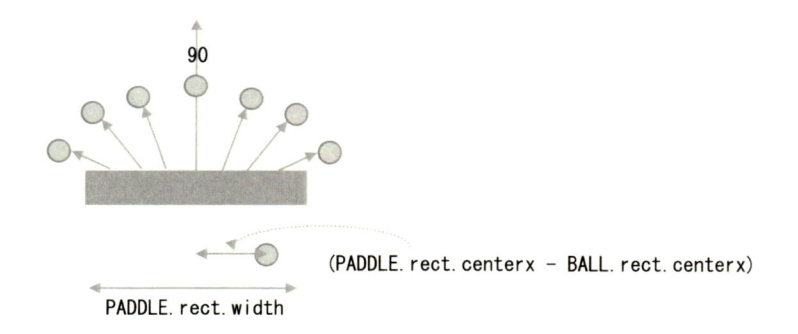

　左右の壁との衝突判定・反射は以下のコードです。x軸の値が0未満か、600より大きくなった時を衝突とみなしています。

```
if BALL.rect.centerx < 0 or BALL.rect.centerx > 600:
    BALL.dir = 180 - BALL.dir
```

なぜ180 - BALL.dirという式で反射角を計算できるのか、以下の図を使って説明します。

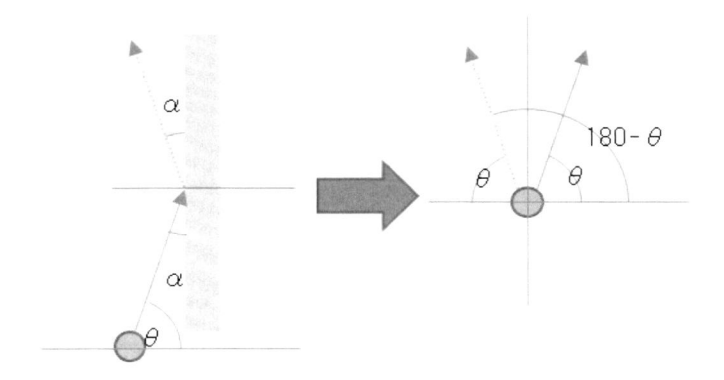

上左図にあるように、壁に入射する角度 α と反射角 α は同じでなくてはなりません。ただし、実際にボールの動く向きは自分自身が中心となるので、 α ではなく θ です。反射後のボールの向きは、上右図にあるように「$180 - \theta$」となります。入射角や反射角ではなく、ボールの向く方法を変化させる必要があることに注意してください。

上の壁との衝突判定と反射は、以下のコードです。Y軸の値が0未満の時を、衝突としています。スピードを加速していることがわかります。

```
if BALL.rect.centery < 0:
    BALL.dir = -BALL.dir
    BALL.speed = 15
```

main()

まず、フォントを作成し、クリア時とゲームオーバー時のビットマップを作成しています。変数fps（frame per second：1秒間のフレーム数）とcolorsを初期化しています。ブロックを並べているのが以下の箇所です。

```
for ypos, color in enumerate(colors, start=0):
    for xpos in range(0, 5):
        BLOCKS.append(Block(color,
            Rect(xpos * 100 + 60, ypos * 50 + 40, 80, 30)))
```

色を順番に取り出しつつ、ブロックの場所を計算するための番号も欲しかったため、enumerateという関数を使いました。これはイテラブルオブジェクトを返す関数で、番号（0から始まる要素の順番）と要素からなるタプルを返してくれます。

```
colors = [(255,0,0), (255,165,0), (242,242,0), (0,128,0), (128,0,128), (0,0,250)]
for ypos, color in enumerate(colors, start=0):
```

```
                     0番目              1番目                2番目
ypos, color       (0, (255,0,0))    (1, (255,165,0))   (2, (242,242,0)) …
```

　yposが縦方向の番号、xposが横方向の番号です。それらの値を使ってXとY座標の位置を計算し、ブロックオブジェクトを作成し、配列BLOCKSに追加しているのが以下の行です。

```
BLOCKS.append(Block(color,
              Rect(xpos * 100 + 60, ypos * 50 + 40, 80, 30)))
```

　あとはwhile文でメインループに突入します。tick()でフレーム毎の処理を行い、SURFACE.fill((0, 0, 0))で画面を黒で塗りつぶし、ボール、パドル、ブロックと描画します。

　リストBLOCKSの長さが0になった時、全てのブロックを消去したということなので、クリアのメッセージを表示します。逆に、ボールのY座標が800よりも大きくなった時は、ボールが画面下を過ぎてしまったので、ゲームオーバーのメッセージを表示します。

　最後に、pygame.display.update()で描画を画面に反映し、FPSCLOCK.tick(fps)で一定のFPS数になるように調整しています。

　ゲームの説明は以上です。ほぼ100行に収めるという自己目標をギリギリのところで達成できました。ゲームとしての完成度はまだまだです。スコアを追加したり、複数ステージを用意したり、ボールの数を複数個にしたり、工夫の余地はたくさんあります。ぜひ、より高いクオリティのオリジナルブロック崩しを作ってみてください。

6. アステロイド

　左右キーで向きを変え、上下キーで前後に移動します。加速度がつくので操作には慣れが必要です。スペースキーを押下してミサイルを発射し、隕石を全て破壊してください。

ソースコード（asteroid.py）

```python
""" asteroid.py - Copyright 2016 Kenichiro Tanaka """
import sys
from math import radians, sin, cos
from random import randint
import pygame
from pygame.locals import Rect, QUIT, KEYDOWN, KEYUP, \
    K_SPACE, K_LEFT, K_RIGHT, K_UP, K_DOWN

pygame.init()
pygame.key.set_repeat(5, 5)
SURFACE = pygame.display.set_mode((800, 800))
FPSCLOCK = pygame.time.Clock()
```

```python
class Drawable:
    """ 全ての描画オブジェクトの親クラス """
    def __init__(self, rect):
        self.rect = rect
        self.step = [0, 0]

    def move(self):
        """ 描画対象を移動する """
        rect = self.rect.center
        xpos = (rect[0] + self.step[0]) % 800
        ypos = (rect[1] + self.step[1]) % 800
        self.rect.center = (xpos, ypos)

class Rock(Drawable):
    """ 隕石オブジェクト """
    def __init__(self, pos, size):
        super(Rock, self).__init__(Rect(0, 0, size, size))
        self.rect.center = pos
        self.image = pygame.image.load("rock.png")
        self.theta = randint(0, 360)
        self.size = size
        self.power = 128 / size
        self.step[0] = cos(radians(self.theta)) * self.power
        self.step[1] = sin(radians(self.theta)) * -self.power

    def draw(self):
        """ 隕石を描画する """
        rotated = pygame.transform.rotozoom(self.image,\
            self.theta, self.size / 64)
        rect = rotated.get_rect()
        rect.center = self.rect.center
        SURFACE.blit(rotated, rect)
```

```python
    def tick(self):
        """ 隕石を移動する """
        self.theta += 3
        self.move()


class Shot(Drawable):
    """ 弾丸オブジェクト """
    def __init__(self):
        super(Shot, self).__init__(Rect(0, 0, 6, 6))
        self.count = 40
        self.power = 10
        self.max_count = 40

    def draw(self):
        """ 弾丸を描画する """
        if self.count < self.max_count:
            pygame.draw.rect(SURFACE, (225, 225, 0), self.rect)

    def tick(self):
        """ 弾丸を移動する """
        self.count += 1
        self.move()


class Ship(Drawable):
    """ 自機オブジェクト """
    def __init__(self):
        super(Ship, self).__init__(Rect(355, 370, 90, 60))
        self.theta = 0
        self.power = 0
        self.accel = 0
        self.explode = False
        self.image = pygame.image.load("ship.png")
        self.bang = pygame.image.load("bang.png")
```

```python
    def draw(self):
        """ 自機を描画する """
        rotated = pygame.transform.rotate(self.image, self.theta)
        rect = rotated.get_rect()
        rect.center = self.rect.center
        SURFACE.blit(rotated, rect)
        if self.explode:
            SURFACE.blit(self.bang, rect)

    def tick(self):
        """ 自機を動かす """
        self.power += self.accel
        self.power *= 0.94
        self.accel *= 0.94
        self.step[0] = cos(radians(self.theta)) * self.power
        self.step[1] = sin(radians(self.theta)) * -self.power
        self.move()

def key_event_handler(keymap, ship):
    """ キーイベントを処理する """
    for event in pygame.event.get():
        if event.type == QUIT:
            pygame.quit()
            sys.exit()
        elif event.type == KEYDOWN:
            if not event.key in keymap:
                keymap.append(event.key)
        elif event.type == KEYUP:
            keymap.remove(event.key)

    if K_LEFT in keymap:
        ship.theta += 5
    elif K_RIGHT in keymap:
        ship.theta -= 5
```

```python
        elif K_UP in keymap:
            ship.accel = min(5, ship.accel + 0.2)
        elif K_DOWN in keymap:
            ship.accel = max(-5, ship.accel - 0.1)


def main():
    """ メインルーチン """
    sysfont = pygame.font.SysFont(None, 72)
    scorefont = pygame.font.SysFont(None, 36)
    message_clear = sysfont.render("!!CLEARED!!",
        True, (0, 255, 225))
    message_over = sysfont.render("GAME OVER!!",
        True, (0, 255, 225))
    message_rect = message_clear.get_rect()
    message_rect.center = (400, 400)

    keymap = []
    shots = []
    rocks = []
    ship = Ship()
    game_over = False
    score = 0
    back_x, back_y = 0, 0
    back_image = pygame.image.load("bg.png")
    back_image = pygame.transform.scale2x(back_image)

    while len(shots) < 7:
        shots.append(Shot())

    while len(rocks) < 4:
        pos = randint(0, 800), randint(0, 800)
        rock = Rock(pos, 64)
        if not rock.rect.colliderect(ship.rect):
            rocks.append(rock)
```

```python
while True:
    key_event_handler(keymap, ship)

    if not game_over:
        ship.tick()

        # 隕石を移動
        for rock in rocks:
            rock.tick()
            if rock.rect.colliderect(ship.rect):
                ship.explode = True
                game_over = True

        # 弾丸を移動
        fire = False
        for shot in shots:
            if shot.count < shot.max_count:
                shot.tick()

                # 弾丸と隕石の衝突処理
                hit = None
                for rock in rocks:
                    if rock.rect.colliderect(shot.rect):
                        hit = rock
                if hit != None:
                    score += hit.rect.width * 10
                    shot.count = shot.max_count
                    rocks.remove(hit)
                    if hit.rect.width > 16:
                        rocks.append(Rock(hit.rect.center,
                            hit.rect.width / 2))
                        rocks.append(Rock(hit.rect.center,
                            hit.rect.width / 2))
```

```python
                if len(rocks) == 0:
                    game_over = True

            elif not fire and K_SPACE in keymap:
                shot.count = 0
                shot.rect.center = ship.rect.center
                shot_x = shot.power * cos(radians(ship.theta))
                shot_y = shot.power * -sin(radians(ship.theta))
                shot.step = (shot_x, shot_y)
                fire = True


    # 背景の描画
    back_x = (back_x + ship.step[0] / 2) % 1600
    back_y = (back_y + ship.step[1] / 2) % 1600
    SURFACE.fill((0, 0, 0))
    SURFACE.blit(back_image, (-back_x, -back_y),
             (0, 0, 3200, 3200))


    # 各種オブジェクトの描画
    ship.draw()
    for shot in shots:
        shot.draw()
    for rock in rocks:
        rock.draw()


    # スコアの描画
    score_str = str(score).zfill(6)
    score_image = scorefont.render(score_str, True,
        (0, 255, 0))
    SURFACE.blit(score_image, (700, 10))


    # メッセージの描画
    if game_over:
        if len(rocks) == 0:
```

```
            SURFACE.blit(message_clear, message_rect.topleft)
        else:
            SURFACE.blit(message_over, message_rect.topleft)

    pygame.display.update()
    FPSCLOCK.tick(20)


if __name__ == '__main__':
    main()
```

6-1　概要

　プログラムが多少複雑になりそうだったのでクラスを使いました。描画対象が自機Ship、弾丸Shot、隕石Rockと3つあるので、それぞれにクラスを用意しました。この3つには描画するという共通点があるので、Drawableという共通の親クラスを用意しました。

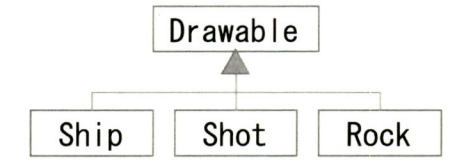

6-2　クラス

Drawableクラス

　全ての描画対象で共通となる機能を提供する親クラスです。実際に生成されるオブジェクトはDrawableクラスを継承するShip、Shot、Rockクラスのものであり、Drawableクラスのオブジェクトではありません。

プロパティ

rect	描画する矩形（位置と大きさ）
step	1コマで移動する量

move	rectをstep分動かす

プロパティはコンストラクタで初期化します。

メソッド

```
def __init__(self, rect):
```

移動用のメソッドは800で割った余りを求めることで、画面の端に到達したら逆側から現れるようにしています。

```
xpos = (rect[0] + self.step[0]) % 800
ypos = (rect[1] + self.step[1]) % 800
```

例えば、自機が左方向へ移動して画面の左端に到達したとします。rect[0] が元の位置、self.step[0] が移動量です。それらの合計が仮に-10になった場合、800で割った余りを求めると「(-10) % 800=790」となり、画面の右側に出現することになります。

Rock クラス

クラスの宣言で「class Rock(Drawable):」とあるように、このクラスは Drawable クラスを継承しているため、Drawable クラスの特徴を全て引き継ぎます。

プロパティ

image	隕石の画像イメージ
theta	隕石が移動する方向（度単位）
size	隕石のサイズ（弾丸と衝突時にサイズ変更）
power	移動スピード（隕石サイズに逆比例）

メソッド

draw	隕石を現在の角度・サイズで描画する
tick	1コマ分の回転と移動を行う

プロパティはコンストラクタで初期化します。

```
def __init__(self, pos, size):
    super().__init__(Rect(0, 0, size, size))
    self.rect.center = pos
    self.image = pygame.image.load("rock.png")
    self.theta = randint(0, 360)
```

```
        self.size = size
        self.power = 128 / size
        self.step[0] = cos(radians(self.theta)) * self.power
        self.step[1] = sin(radians(self.theta)) * -self.power
```

引数として、隕石の位置posと、隕石のサイズsizeを受け取ります。次の行では親クラスを初期化しています。

```
        super().__init__(Rect(0, 0, size, size))
```

superとは、親クラスを指します。そのコンストラクタである__init__を呼び出します。親クラスのコンストラクタの引数としてRectオブジェクトを作っています。

```
        self.rect.center = pos
```

上記の行で、親クラスのプロパティrectのcenterを引数で受け取ったposに設定しています。image（画像イメージ）、theta（隕石の向かう方向）、size（隕石のサイズ）とプロパティを初期化していきます。

```
        self.power = 128 / size
        self.step[0] = cos(radians(self.theta)) * self.power
        self.step[1] = sin(radians(self.theta)) * -self.power
```

powerはスピードです。サイズが小さいほどスピードを速くしたかったので、隕石のサイズの逆数にしました。例えば、サイズが64ならスピードは2、サイズが32ならスピードは4という具合です。最後に毎フレームの移動量stepを求めます。移動方向thetaをラジアン単位に変換し、cosとsinを使ってX軸方向、Y軸方向の移動量を求めています。

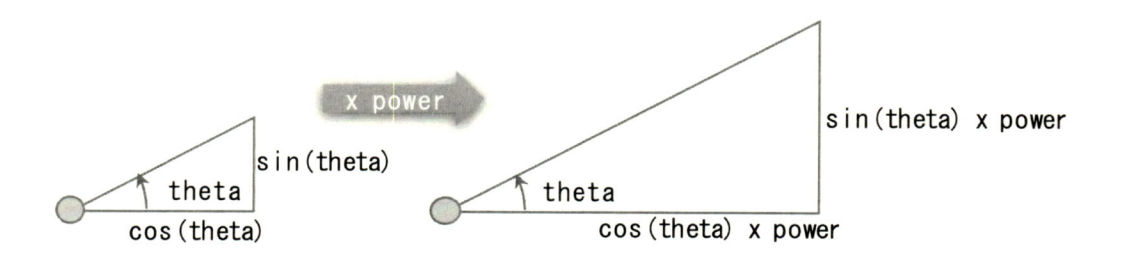

drawは隕石を描画するメソッドです。

```python
    def draw(self):
        """ 隕石を描画する """
        rotated = pygame.transform.rotozoom(self.image,\
            self.theta, self.size / 64)
        rect = rotated.get_rect()
        rect.center = self.rect.center
        SURFACE.blit(rotated, rect)
```

　回転とズームを同時に行うために、transformクラスのrotozoomというメソッドを使用しています。このメソッドでは、第1引数に対象となる画像、第2引数に回転角度、第3引数に倍率を指定します。戻り値として回転とズームが適用された画像が返されます。

```
    rotozoom(Surface, angle, scale) -> Surface
```

　get_rect()で回転・ズーム後の画像の占める矩形を取得し、rect.center = self.rect.centerで画像の中心を隕石の中心に合わせ、blitで描画しています。このように処理することで中心を固定したまま回転することができます。

　tickはフレーム毎の処理を行うメソッドです。3度回転させ、moveメソッドで自分を移動します。

Shotクラス

　弾丸を表現するクラスです。Rockクラス同様、Drawableクラスを継承しています。

プロパティ

count	弾丸がどれだけ進んだかを示すカウンタ
power	弾丸の速度
max_count	弾丸の最大到達距離

メソッド

draw	弾丸を描画する
tick	弾丸を1コマ分移動する

　プロパティはコンストラクタで初期化します。

```python
    def __init__(self):
```

コンストラクタでは、count = 40、power = 10、max_count = 40と3つのプロパティを初期化します。

drawメソッドでは、自分のカウンタcountが、max_countより小さい時に小さな矩形を描画します。

tickメソッドでは、毎フレームの処理を行います。countを1増やし、moveメソッドで自分を移動します。

Shipクラス

自機を表現します。Rockクラス同様、Drawableクラスを継承しています。

プロパティ

theta	自機の向き
power	自機の速度
accel	自機の加速度
explode	自機が爆発したか否かのフラグ
image	自機の画像
bang	爆発時の画像

メソッド

draw	自機を描画、爆発時には爆発画像を描画
tick	自機を1コマ分移動する

コンストラクタでは、全てのプロパティを初期化します。

drawメソッドでは、自機を描画します。回転に行うためにtransformクラスのrotateメソッドを使用しています。このメソッドでは、第1引数に対象となる画像、第2引数に回転角度を指定します。戻り値として回転が適用された画像が返されます。

```
rotate(Surface, angle) -> Surface
```

Rockと同様に画像の中心を固定して描画します。self.explodeがTrueの時は爆発した画像を上に描画します。

tickメソッドでは、毎フレームの処理を行います。self.power += self.accelで加速度を速度に追加します。self.power *= 0.94で徐々に減速、self.accel *= 0.94で加速度を減らしています。このようにすることで、ゆっくりと減速していく効果を演出しています。あとは、RockやShotと同じように1フレーム分移動します。

6-3 関数

key_event_handler(keymap, ship)

　最初はメインループの中にあったのですが、メインループが長くなったので、キー押下処理を切り出してこの関数にしました。keymapは押下状態にあるキーを格納するリストです。KEYDOWNのイベントの時に、event.keyが含まれていなければ追加します。KEYUPイベントの時にevent.keyをリストから取り除きます。以下のコードで自機の移動を制御しています。

```python
if K_LEFT in keymap:
    ship.theta += 5
elif K_RIGHT in keymap:
    ship.theta -= 5
elif K_UP in keymap:
    ship.accel = min(5, ship.accel + 0.2)
elif K_DOWN in keymap:
    ship.accel = max(-5, ship.accel - 0.1)
```

　K_LEFTがリストに含まれていれば、左方向に回転するのでship.thetaに+5を、K_RIGHTがリストに含まれていれば、右方向に回転するので-5を加えています。K_UPが含まれている場合は加速度に0.2を加えます。ただし、最大でも5を超えないようにしています。同じく、K_DOWNが含まれている場合は、加速度を0.1減らします。ただし、最小でも-5を下回らないようにしています。

main()

　メイン関数です。最初にフォントとメッセージの初期化を行います。

```python
sysfont = pygame.font.SysFont(None, 72)
scorefont = pygame.font.SysFont(None, 36)
message_clear = sysfont.render("!!CLEARED!!",
    True, (0, 255, 225))
message_over = sysfont.render("GAME OVER!!",
    True, (0, 255, 225))
message_rect = message_clear.get_rect()
message_rect.center = (400, 400)
```

　以下はこの関数内で利用するローカル変数です。いずれも最初に初期化します。

keymap	押されているキーのコードを保持するリストです
shots	弾丸オブジェクトを格納するリストです
rocks	隕石オブジェクトを格納するリストです
ship	自機
game_over	ゲームオーバーか否かのフラグ
score	得点
back_x, back_y	背景画像をずらす量
back_image	背景画像

　弾丸と隕石をそれぞれ初期化して、配列に格納します。弾丸は7個、隕石は4個です。隕石の場合は、最初に配置する時に自機と重ならないようにしています。

```python
while len(shots) < 7:
    shots.append(Shot())


while len(rocks) < 4:
    pos = randint(0, 800), randint(0, 800)
    rock = Rock(pos, 64)
    if not rock.rect.colliderect(ship.rect):
        rocks.append(rock)
```

　while True:からがメインループです。まずkey_event_handler(keymap, ship)でキーの処理を行います。その後、game_overでなければ、自機・隕石・弾丸の処理を行います。自機はship.tick()で移動します。隕石の移動と衝突判定は以下のコードです。

```python
# 隕石を移動
for rock in rocks:
    rock.tick()
    if rock.rect.colliderect(ship.rect):
        ship.explode = True
        game_over = True
```

　for文で隕石を配列rocksから取り出し、rock.tick()で移動します。隕石が自機と衝突したか否かの判定は、rectのcolliderectメソッドを使っています。衝突時にはship.explodeとgame_overをTrueに設定します。

弾丸の処理は長いので、2つに分割して説明します。弾丸は、countが0からmax_countの間は発射されている状態としています。リストshotsから取り出して、カウンタcountがmax_countより小さい場合、shot.tick()で移動します。

```python
# 弾丸を移動
fire = False
for shot in shots:
    if shot.count < shot.max_count:
        shot.tick()


# 弾丸と隕石の衝突処理
hit = None
for rock in rocks:
    if rock.rect.colliderect(shot.rect):
        hit = rock
    if hit != None:
        score += hit.rect.width * 10
        shot.count = shot.max_count
        rocks.remove(hit)
        if hit.rect.width > 16:
            rocks.append(Rock(hit.rect.center,
                hit.rect.width / 2))
            rocks.append(Rock(hit.rect.center,
                hit.rect.width / 2))
        if len(rocks) == 0:
            game_over = True
```

　hitは岩との衝突を検出するためのフラグです。こちらもcolliderectを使って、弾丸と隕石の衝突の有無を検出しています。衝突した場合は、岩のサイズの10倍の得点を加算し、この弾丸を無効状態にするためcountをmax_countに設定しています。衝突した隕石をrocks.remove(hit)でリストから取り除きます。もし、取り除いた隕石の大きさが16より大きかったら、サイズを半分にして、新しい隕石をリストrocksに追加します。隕石が細かく砕けるのはこの部分の処理によります。最後にリストrocksが空になれば、全ての隕石を打ち砕いたことになるのでgame_overフラグをTrueにしています。

以下のコードは、スペースキーの押下で弾丸を発射する処理です。

```
elif not fire and K_SPACE in keymap:
    shot.count = 0
    shot.rect.center = ship.rect.center
    shot_x = shot.power * cos(radians(ship.theta))
    shot_y = shot.power * -sin(radians(ship.theta))
    shot.step = (shot_x, shot_y)
    fire = True
```

連続発射の間隔を設けるためフラグ fire を用いています。このフラグが False でスペースキーが押されていたら、count を0にして弾丸を有効にします。初期の位置は自機の中心 ship.rect.center、向きは自機の向き ship.theta です。これに弾丸のスピード power を掛け合わせることで、1フレーム分の移動距離、shot.step を求めています。

残る処理は描画です。以下は背景画像を描画するコードです。

```
back_x = (back_x + ship.step[0] / 2) % 1600
back_y = (back_y + ship.step[1] / 2) % 1600
SURFACE.fill((0, 0, 0))
SURFACE.blit(back_image, (-back_x, -back_y),
             (0, 0, 3200, 3200))
```

自機の移動量 ship.step に応じて背景画像のオフセット位置 (-back_x, -back_y) を調整しています。背景画像（bg.png）は以下のような画像です。元画像は 1600×1600 のサイズですが、pygame.transform.scale2x(back_image) を使って縦横2倍に拡大して描画しています。

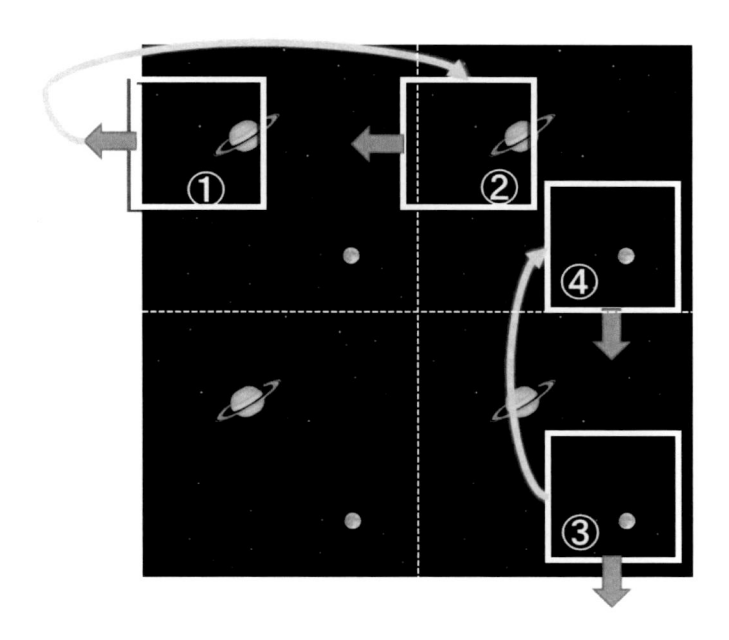

　スクロールを継続しても、背景画像が途切れることがないように、4つの同じ画像を組み合わせた背景になっています。仮に背景が①から左に移動した場合、②の場所に切り替えることで、スムーズにスクロールが継続します。③から下に移動した場合も、同様に④に切り変えればスクロールが途切れることはありません。

　あとは、自機、弾丸、隕石、スコア、メッセージと描画していきます。スコアは「001230」のように表示したかったので、zfillを使って0でパディングしています。それ以外は特に難しい箇所はないはずです。

```python
# 各種オブジェクトの描画
ship.draw()
for shot in shots:
    shot.draw()
for rock in rocks:
    rock.draw()

# スコアの描画
score_str = str(score).zfill(6)
score_image = scorefont.render(score_str, True,
```

```
                (0, 255, 0))
        SURFACE.blit(score_image, (700, 10))

        # メッセージの描画
        if game_over:
            if len(rocks) == 0:
                SURFACE.blit(message_clear, message_rect.topleft)
            else:
                SURFACE.blit(message_over, message_rect.topleft)
```

　ゲームオーバーの時は、隕石が0ならゲームクリア、そうでなければゲームオーバーという
メッセージを描画しています。最後は、pygame.display.update()で描画内容を画面に反
映し、FPSCLOCK.tick(20)でFPSの調整をしています。

　ゲームの説明は以上です。縦横スクロールや弾丸や隕石が複数出てくることもあり、コード
は少々長くなってしまいました。背景画像を変えるだけでもイメージはガラリと変わるはずで
す。敵のキャラクターを追加しても、面白いかもしれません。

7. Missile Command

　落下するミサイルを迎撃するゲームです。マウスカーソルで照準を合わせ、クリックで迎撃ミサイルを発射してください。爆風の渦に巻き込むと、敵のミサイルも爆発します。画面下部にある家が全滅するとゲームオーバーです。

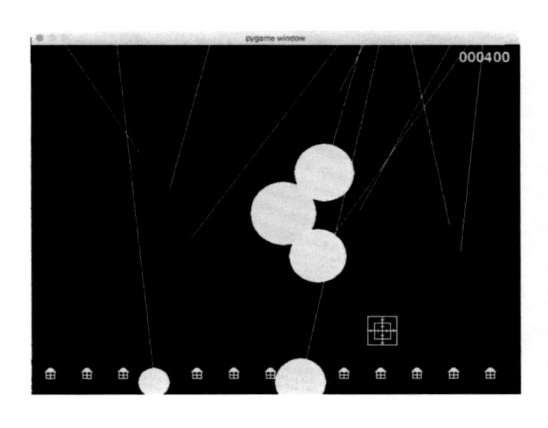

ソースコード（missile_command.py）

```python
""" missile_command.py - Copyright 2016 Kenichiro Tanaka """
import sys
from random import randint
from math import hypot
import pygame
from pygame.locals import Rect, QUIT, MOUSEMOTION, MOUSEBUTTONDOWN

class House:
    """ 家のオブジェクト """
    def __init__(self, xpos):
        self.rect = Rect(xpos, 550, 40, 40)
        self.exploded = False
        strip = pygame.image.load("strip.png")
```

```python
        self.images = (pygame.Surface((20, 20), pygame.SRCALPHA),
                       pygame.Surface((20, 20), pygame.SRCALPHA))
        self.images[0].blit(strip, (0, 0), Rect(0, 0, 20, 20))
        self.images[1].blit(strip, (0, 0), Rect(20, 0, 20, 20))

    def draw(self):
        """ 家の描画 """
        if self.exploded:
            SURFACE.blit(self.images[1], self.rect.topleft)
        else:
            SURFACE.blit(self.images[0], self.rect.topleft)


class Missile:
    """ 落下するミサイルオブジェクト """
    def __init__(self):
        self.max_count = 500
        self.interval = 1000
        self.pos = [0, 0]
        self.cpos = [0, 0]
        self.firetime = 0
        self.radius = 0
        self.reload(0)

    def reload(self, time_count):
        """ ミサイルの再初期化（落下後・爆発後） """
        house_x = randint(0, 12) * 60 + 20
        self.pos = (randint(0, 800), house_x)
        self.interval = int(self.interval * 0.9)
        self.firetime = randint(0, self.interval) + time_count
        self.cpos = [0, 0]
        self.radius = 0

    def tick(self, time_count, shoot, houses):
        """ ミサイルの状態更新 """
```

```python
        is_hit = False
        elapsed = time_count - self.firetime
        if elapsed < 0:
            return

        if self.radius > 0:        # 爆発中
            self.radius += 1
            if self.radius > 100:
                self.reload(time_count)
        else:
            self.cpos[0] = (self.pos[1]-self.pos[0]) \
                    * elapsed / self.max_count + self.pos[0]
            self.cpos[1] = 575 * elapsed / self.max_count

            # 撃ち落とされたか？
            diff = hypot(shoot.shot_pos[0] - self.cpos[0],
                shoot.shot_pos[1] - self.cpos[1])
            if diff < shoot.radius:
                is_hit = True
                self.radius = 1 # 爆発開始

            # 地面に衝突した？
            if elapsed > self.max_count:
                self.radius = 1 # 爆発開始
                for house in houses:
                    if hypot(self.cpos[0]-house.rect.center[0],
                        self.cpos[1]-house.rect.center[1]) < 30:
                        house.exploded = True
        return is_hit

    def draw(self):
        """ ミサイルの描画 """
        pygame.draw.line(SURFACE, (0, 255, 255),
                    (self.pos[0], 0), self.cpos)
```

```python
        if self.radius > 0:        # 爆発中
            rad = self.radius if self.radius < 50 \
                else 100 - self.radius
            pos = (int(self.cpos[0]), int(self.cpos[1]))
            pygame.draw.circle(SURFACE, (0, 255, 255), pos, rad)


class Shoot:
    """ 自分の発射するビームオブジェクト """
    def __init__(self):
        self.scope = (400, 300)
        self.image = pygame.image.load("scope.png")
        self.count = 0
        self.fire = False
        self.radius = 0
        self.shot_pos = (0, 0)


    def tick(self):
        """ 発射中のビームの位置・状態を更新 """
        if self.fire:
            self.count += 1


            if 100 <= self.count < 200:
                self.radius += 1
            elif 200 <= self.count < 300:
                self.radius -= 1
            elif self.count >= 300:
                self.fire = False
                self.count = 0


    def draw(self):
        """ ビームの描画 """
        rect = self.image.get_rect()
        rect.center = self.scope
```

```python
        SURFACE.blit(self.image, rect)
        if not self.fire:
            return

        if self.radius == 0 and self.count < 100:
            ratio = self.count / 100
            ypos = 600 - (600 - self.shot_pos[1]) * ratio
            x_left = int((self.shot_pos[0]) * ratio)
            x_right = int((800 - (800 - self.shot_pos[0]) * ratio))
            pygame.draw.line(SURFACE, (0, 255, 0), (0, 600),
                                (x_left, ypos))
            pygame.draw.line(SURFACE, (0, 255, 0), (800, 600),
                                (x_right, ypos))
        elif self.radius > 0:
            pygame.draw.circle(SURFACE, (0, 255, 0),
                                self.shot_pos, self.radius)


# グローバル変数
pygame.init()
SURFACE = pygame.display.set_mode([800, 600])
FPSCLOCK = pygame.time.Clock()


def main():
    """ メインルーチン """
    game_over = False
    missiles = []
    score = 0
    time_count = 0
    shoot = Shoot()
    houses = []

    scorefont = pygame.font.SysFont(None, 36)
    sysfont = pygame.font.SysFont(None, 72)
    message_over = sysfont.render("GAME OVER!!",
```

```python
        True, (0, 255, 225))
message_rect = message_over.get_rect()
message_rect.center = (400, 300)


for index in range(13):
    houses.append(House(index*60 + 20))
while len(missiles) < 18:
    missiles.append(Missile())


while True:
    time_count += 1
    for event in pygame.event.get():
        if event.type == QUIT:
            pygame.quit()
            sys.exit()
        elif event.type == MOUSEMOTION:
            shoot.scope = event.pos
        elif event.type == MOUSEBUTTONDOWN:
            if not shoot.fire:
                shoot.shot_pos = shoot.scope
                shoot.fire = True


    # 1コマ毎の処理
    exploded = len(list(filter(lambda x: x.exploded, houses)))
    game_over = exploded == 13
    if not game_over:
        for missile in missiles:
            is_hit = missile.tick(time_count, shoot, houses)
            if is_hit:
                score += 100
        shoot.tick()


    # 描画
    SURFACE.fill((0, 0, 0))
```

```python
        shoot.draw()
        for house in houses:
            house.draw()
        for missile in missiles:
            missile.draw()

        score_str = str(score).zfill(6)
        score_image = scorefont.render(score_str,
            True, (0, 255, 0))
        SURFACE.blit(score_image, (700, 10))

        if game_over:
            SURFACE.blit(message_over, message_rect)

        pygame.display.update()
        FPSCLOCK.tick(20)

if __name__ == '__main__':
    main()
```

7-1　概要

　今回使用するクラスは、家 House、落下するミサイル Shoot、迎撃ミサイル Missile の3つです。オブジェクト指向設計では、クラスの概要を把握するためクラス図を描くのが一般的です。細かいルールはたくさんあるのですが、ざっくり説明すると、「クラス名、プロパティ、メソッドの3つを順番に列挙するだけ」です。たったこれだけの約束事ですが、どんなクラスがあるのか、それらクラスはどんな特徴があるのかといったことを把握する時に役立ちます。

クラス図	House	Missile	Shoot

```
クラス図

┌─────────────┐     ┌──────────┐   ┌────────────┐   ┌────────────┐
│  クラス名    │     │  House   │   │  Missile   │   │   Shoot    │
├─────────────┤     ├──────────┤   ├────────────┤   ├────────────┤
│  プロパティ  │     │ rect     │   │ max_count  │   │ scope      │
├─────────────┤     │ exploded │   │ interval   │   │ image      │
│  メソッド    │     │ images   │   │ pos        │   │ count      │
└─────────────┘     ├──────────┤   │ cpos       │   │ fire       │
                    │ draw     │   │ firetime   │   │ radius     │
                    └──────────┘   │ radius     │   │ shot_pos   │
                                   ├────────────┤   ├────────────┤
                                   │ reload     │   │ tick       │
                                   │ tick       │   │ draw       │
                                   │ draw       │   └────────────┘
                                   └────────────┘
```

7-2　クラス

House クラス

画面下部に描画されている個々の家を表すクラスです。

プロパティ

rect	家の位置とサイズ
exploded	爆発したか否か
images	通常画像と爆発時の画像

メソッド

draw	家の画像を描画する

def __init__(self, xpos):

コンストラクタです。引数として家のX座標値xposを受け取ります。

```python
def __init__(self, xpos):
    self.rect = Rect(xpos, 550, 40, 40)
    self.exploded = False
    strip = pygame.image.load("strip.png")
    self.images = (pygame.Surface((20, 20), pygame.SRCALPHA),
                   pygame.Surface((20, 20), pygame.SRCALPHA))
    self.images[0].blit(strip, (0, 0), Rect(0, 0, 20, 20))
    self.images[1].blit(strip, (0, 0), Rect(20, 0, 20, 20))
```

コンストラクタでは画像イメージの初期化も行います。家の画像（通常時・爆発時）は1つの画像「strip.png」にまとめています。この位の画像サイズでは影響はありませんが、多数の

アイコンを使用する時など、ファイル管理の手間の軽減やサイズ削減、ダウンロード時間の短縮などのために1枚の画像にまとめることがよく行われます。

　今回は、`pygame.Surface()`で2つの描画領域を作成し、blitで元画像「strip.png」の特定の領域をコピーしています。描画領域を作成する際に、画像の背景を透明にするために`pygame.SRCALPHA`を指定しています。

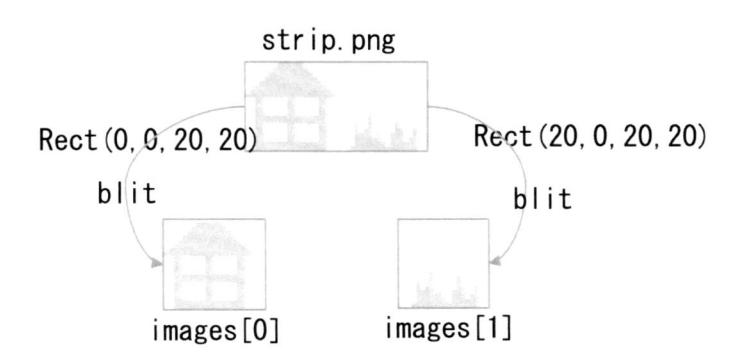

　drawは描画するメソッドです。explodedプロパティの値に応じて、通常時か爆破時の画像を描画しています。

Missileクラス

　上空から落下するミサイルを表すクラスです。

プロパティ

`max_count`	発射から地面到着までに要する時間（カウント）
`interval`	落下と落下の間隔
`pos`	落下座標（落下開始点、着弾点）
`cpos`	現在落下中の座標 x 座標, y 座標
`firetime`	落下開始時刻
`radius`	爆風の半径

メソッド

`reload`	ミサイルを初期化する（座標や時刻など）
`tick`	ミサイルの状態を更新する
`draw`	ミサイル描画する

def __init__(self):

　コンストラクタです。全てのプロパティを宣言しています。コンストラクタは、オブジェク

ト作成時の1回しか呼び出されません。今回はミサイルを使い回ししたかったので、実際の初期化はreloadメソッドで行っています。

　ミサイルの座標は以下のように、スタート地点を (pos[0], 0)、ゴール地点を (pos[1], 575)、ミサイルの現在の位置を [cpos[0], cpos[1]] で管理します。

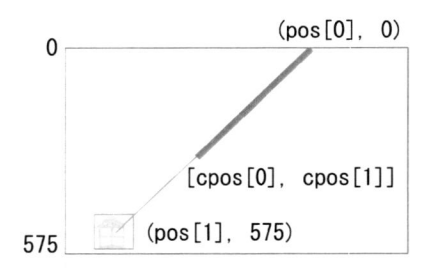

　まず、乱数を使って攻撃目的となる家の座標house_xを求め、その値を使ってプロパティposを初期化します。cposはミサイルの弾頭の位置です。

```python
def reload(self, time_count):
    """ ミサイルの再初期化（落下後・爆発後） """
    house_x = randint(0, 12) * 60 + 20
    self.pos = (randint(0, 800), house_x)
    self.interval = int(self.interval * 0.9)
    self.firetime = randint(0, self.interval) + time_count
    self.cpos = [0, 0]
    self.radius = 0
```

intervalとfiretimeは発射するタイミングに関するプロパティです。

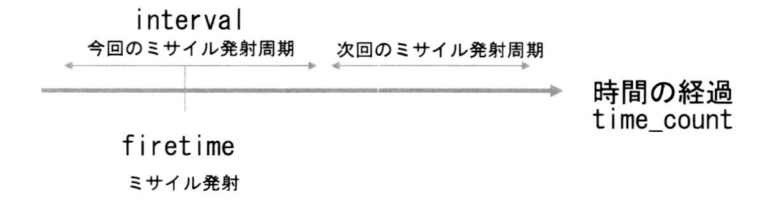

　ゲームの難易度を高めるために、ミサイルを発射する間隔を徐々に短くしています。これはreloadで再初期化するたびに、ミサイル発射周期intervalを0.9倍することで行っています。実際に発射する時間firetimeは、乱数を使って求めています。time_countは現在時刻を表します。

def tick(self, time_count, shoot, houses):

　毎フレームの処理を行うメソッドです。まず、ミサイル発射時刻を過ぎているか確認します。発射時刻前の時は何もせずに戻ります。

```
        is_hit = False
        elapsed = time_count - self.firetime
        if elapsed < 0:
            return
```

　プロパティradiusが0より大きい時は、爆発中とします。半径を1ずつ増やし、その値が100を超えたら爆発終了とみなし、reloadで再初期化を行います。そうでない時はミサイルが移動中なので、cposの値を更新します。

```
        if self.radius > 0:        # 爆発中
            self.radius += 1
            if self.radius > 100:
                self.reload(time_count)
        else:
            self.cpos[0] = (self.pos[1]-self.pos[0]) \
                    * elapsed / self.max_count + self.pos[0]
            self.cpos[1] = 575 * elapsed / self.max_count
```

　cposの計算は、以下のような三角形の相似を考えるとわかりやすいと思います。elapsedは発射してからの経過時間です。max_countは発射してから落下するまでの時間です。cpos[0]がx、cpos[1]がyに相当します。

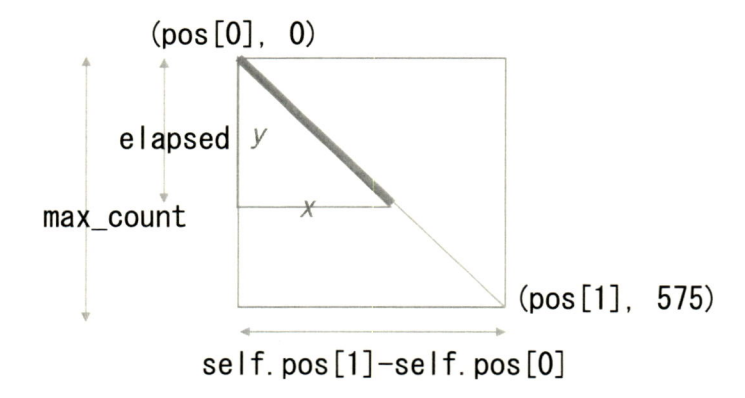

elapsed ： max_count = x ： self.pos[1]-self.pos[0]
elapsed ： max_count = y ： 575

ミサイルが移動中の場合、迎撃ビームに撃ち落とされたか判定します。

```
diff = hypot(shoot.shot_pos[0] - self.cpos[0],
    shoot.shot_pos[1] - self.cpos[1])
if diff < shoot.radius:
    is_hit = True
    self.radius = 1 # 爆発開始
```

ミサイルの弾頭の座標は、（cpos[0], cpos[1]）です。一方迎撃ビームの弾頭の座標は、(shoot.shot_pos[0], shoot.shot_pos[1]）です。

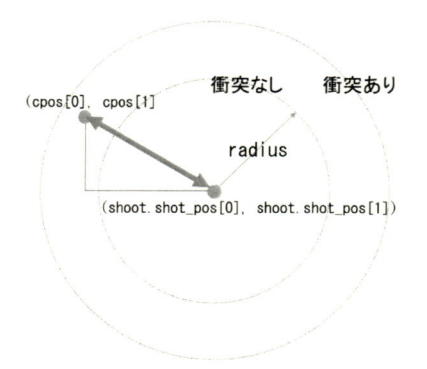

hypotは2点間の距離を返す関数です。この関数を使い、ミサイルの弾頭と迎撃ビームの弾頭の距離diffを求めています。この値が現在の爆風の値shoot.radiusより大きければ衝突はなし、小さければ衝突と判定しています。衝突した時は、フラグis_hitにTrueを設定し、

`self.radius`に1を代入することで、ミサイル自身の爆発アニメーションを開始します。

ミサイルは最後に地面に衝突した時に、家を破壊したか否か判定します。

```
    # 地面に衝突した？
    if elapsed > self.max_count:
        self.radius = 1 # 爆発開始
        for house in houses:
            if hypot(self.cpos[0]-house.rect.center[0],
                    self.cpos[1]-house.rect.center[1]) < 30:
                house.exploded = True
```

地面に衝突したら、`self.radius`に1を代入して、自身の爆発アニメーションを開始します。家オブジェクトはhousesリストに格納されているので、for文を使って順番に取得していきます。家の座標とミサイルの弾道の距離をhypotで求め、その距離が30より小さければ、家を破壊状態に設定します。

def draw(self):

ミサイルを描画します。発射点と弾頭を結ぶ線を描画します。

```
    pygame.draw.line(SURFACE, (0, 255, 255), (self.pos[0], 0),
    self.cpos)
```

radiusが0より大きい時は爆発中です。

```
        if self.radius > 0:       # 爆発中
            rad = self.radius if self.radius < 50 \
                else 100 - self.radius
            pos = (int(self.cpos[0]), int(self.cpos[1]))
            pygame.draw.circle(SURFACE, (0, 255, 255), pos, rad)
```

爆発の円は前半大きくなり、後半小さくなっていきます。if文の最初の行で描画円の半径を計算しています。以下の図にあるように、radiusの値が50より小さい時は`self.radius`、そうでない時は`100 - self.radius`としています。

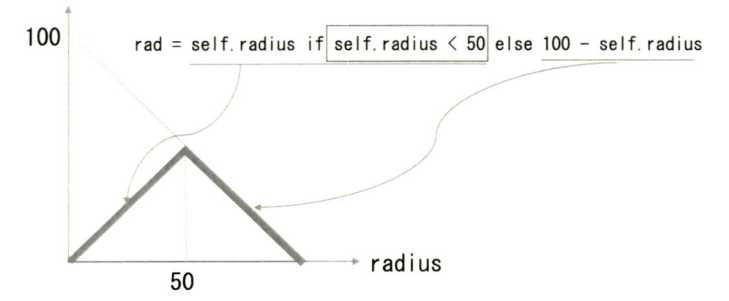

残りの行で爆発円を描画しています。

Shootクラス

迎撃ミサイルを表すクラスです。

プロパティ

scope	照準器の中心座標
image	照準器の画像
count	発射してからのカウント
fire	発射中か否かのフラグ
radius	爆風の半径
shot_pos	現在の弾頭の位置

メソッド

tick	迎撃ミサイルの状態を更新する
draw	迎撃ミサイル描画する

def __init__(self):

コンストラクタです。各種プロパティを初期化します。

```python
    def __init__(self):
        self.scope = (400, 300)
        self.image = pygame.image.load("scope.png")
        self.count = 0
        self.fire = False
        self.radius = 0
```

```
        self.shot_pos = (0, 0)
```

def tick(self):

フレーム毎の処理をするメソッドです。

```
    def tick(self):
        """ 発射中のビームの位置・状態を更新 """
        if self.fire:
            self.count += 1

            if 100 <= self.count < 200:
                self.radius += 1
            elif 200 <= self.count < 300:
                self.radius -= 1
            elif self.count >= 300:
                self.fire = False
                self.count = 0
```

発射中であれば、カウンタ count を 1 増やします。0 から 100 までなら発射中、100 から 200 までなら爆風増加中、200 から 300 なら爆風減少中、300 を超えたら発射をリセットしてカウンタを 0 に戻します。

def draw(self):

迎撃ビームを描画します。まず照準器を描画します。

```
    rect = self.image.get_rect()
    rect.center = self.scope
    SURFACE.blit(self.image, rect)
    if not self.fire:
        return
```

マウスカーソルの座標が、self.scope に格納されています。照準器の中央がその位置になるよう rect.center = self.scope と設定し、blit で描画します。発射中でない場合は return で戻ります。

以下は迎撃ミサイルを描画するコードです。

```python
if self.radius == 0 and self.count < 100:
    ratio = self.count / 100
    ypos = 600 - (600 - self.shot_pos[1]) * ratio
    x_left = int((self.shot_pos[0]) * ratio)
    x_right = int((800 - (800 - self.shot_pos[0]) * ratio))
    pygame.draw.line(SURFACE, (0, 255, 0), (0, 600),
                     (x_left, ypos))
    pygame.draw.line(SURFACE, (0, 255, 0), (800, 600),
                     (x_right, ypos))
elif self.radius > 0:
    pygame.draw.circle(SURFACE, (0, 255, 0),
                       self.shot_pos, self.radius)
```

ミサイルは100カウントで目的地に到達するので、現在の割合ratioを、self.count / 100 で求めています。あとは左右のビームの座標を計算してpygame.draw.lineで線を描画しています。座標の計算が少々面倒に見えるかもしれませんが、三角形の相似で座標を求めているだけです。以下の図を参考にコードを読んでみてください。

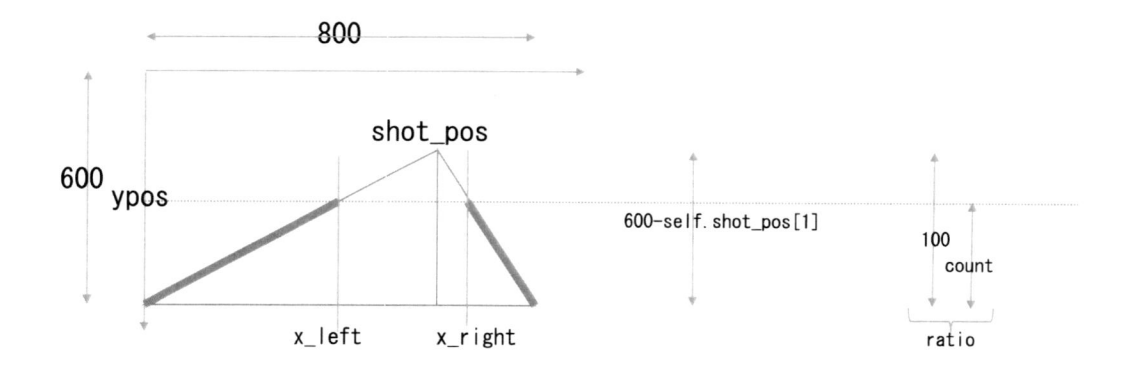

7-3　グローバル変数

今回のゲームでは、意図的にグローバル変数の利用を減らしてみました。使用しているグローバル変数はSURFACE（ウインドウ）とFPSCLOCK（フレームレート調整用のタイマー）のみです。

どれをローカル変数とし、どれをグローバル（広域）変数にするか、その判断は難しいかもし

れません。特に一人で実装している時は、それらの違いを実感しづらいでしょう。しかしながら、多人数で開発する場合は、その差は歴然とします。グローバル変数は、いつでも誰でも簡単に値を書き換えられるため、バグの温床となってしまうからです。「簡単だから」といった安易な理由でグローバル変数を使うのは避けるように、常日頃から習慣づけておくと良いでしょう。

7-4　関数

main():

　今回のゲームは処理の多くをクラスで行っているため、広域関数はmain()しか使用していません。この関数で使用する主な変数は以下の通りです。

game_over	ゲームオーバーか否かのフラグ
missiles	ミサイルオブジェクトを格納するリスト
score	得点
time_count	経過時間を管理するタイマー
shoot	自分が発射した迎撃ミサイルオブジェクト
houses	家オブジェクトを格納したリスト

　まず、main()ではこれらの変数や文字列のオブジェクトを初期化しています。次に、家オブジェクトとミサイルオブジェクトを作成し、リストに追加しています。家は、座標の位置を計算するためfor文を使いました。一方、ミサイルは特定の個数リストに追加すれば良いだけなので、while文を使いました。

```
for index in range(13):
    houses.append(House(index*60 + 20))
while len(missiles) < 18:
    missiles.append(Missile())
```

while True:からがメインループです。

```
while True:
    time_count += 1
    for event in pygame.event.get():
        if event.type == QUIT:
            pygame.quit()
            sys.exit()
```

```
        elif event.type == MOUSEMOTION:
            shoot.scope = event.pos
        elif event.type == MOUSEBUTTONDOWN:
            if not shoot.fire:
                shoot.shot_pos = shoot.scope
                shoot.fire = True
```

time_countの値を1増やし、イベントキューからイベントを取り出します。QUITならゲーム
を終了します。マウスの移動（MOUSEMOTION）なら、その座標event.posをshoot.scope
に設定します。マウスの押下（MOUSEBUTTONDOWN）で、もし迎撃ミサイル発射中でなけ
れば、現在の座標をshoot.shot_posに設定し、shoot.fire = Trueでミサイルを発射状
態にします。

フレーム毎の処理は、以下のコードで行います。filter、list、lenと関数を使って、リストhouses
から爆発状態の家の数を求めます。

```
exploded = len([x for x in houses if x.exploded])
```

上記のようにリスト内包表記を使っても同じことができます。どちらか簡単だと思える方を
使ってください。

```
# 1コマ毎の処理
exploded = len(list(filter(lambda x: x.exploded, houses)))
game_over = exploded == 13
if not game_over:
    for missile in missiles:
        is_hit = missile.tick(time_count, shoot, houses)
        if is_hit:
            score += 100
    shoot.tick()
```

ゲームオーバーでない場合は、個々のミサイルのtickメソッドを呼び出します。迎撃できた
場合、戻り値がTrueになるのでその際はscoreを加点します。shoot.tick()で迎撃ミサイル
のフレーム処理を行います。

メインループの最後は描画です。

```python
SURFACE.fill((0, 0, 0))
shoot.draw()
for house in houses:
    house.draw()
for missile in missiles:
    missile.draw()

score_str = str(score).zfill(6)
score_image = scorefont.render(score_str,
    True, (0, 255, 0))
SURFACE.blit(score_image, (700, 10))

if game_over:
    SURFACE.blit(message_over, message_rect)

pygame.display.update()
FPSCLOCK.tick(20)
```

　背景を黒で塗りつぶし、迎撃ミサイル、家、ミサイルと描画します。スコアは0を左に詰めた状態で表示したかったので、zfill(6) メソッドでパディングしています。ゲームオーバーの時は、その旨を表示します。

　描画内容を画面に反映させるため pygame.display.update() を呼び出し、フレームレートを調整するために FPSCLOCK.tick(20) を実行しています。

　説明は以上です。200行程度と本書のサンプルの中では長めのコードになってしまいました。座標計算をする時に三角形の相似を多用しています。小学校の算数や中学の数学で習ったことが、役に立つことを実感できたのではないでしょうか。

8. シューティング

　左右キーで自機を移動し、スペースキーでミサイルを発射します。迫り来るエイリアンを全て撃ち落としてください。バリケードがない、UFO が出現しないなど、"ないない"だらけですが、それでも一斉を風靡したゲームの雰囲気は味わえると思います。

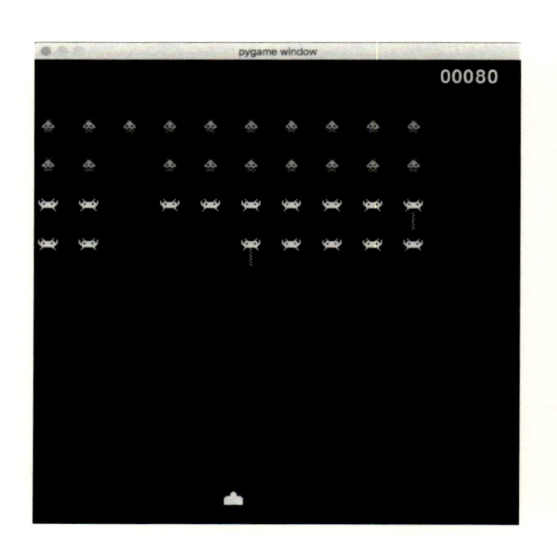

ソースコード（invader.py）

```
""" invader.py - Copyright 2016 Kenichiro Tanaka  """
import sys
from random import randint
import pygame
from pygame.locals import Rect, QUIT, KEYDOWN, \
    K_LEFT, K_RIGHT, K_SPACE

pygame.init()
pygame.key.set_repeat(5, 5)
SURFACE = pygame.display.set_mode((600, 600))
FPSCLOCK = pygame.time.Clock()
```

```python
class Drawable:
    """ 全ての描画オブジェクトのスーパークラス """
    def __init__(self, rect, offset0, offset1):
        strip = pygame.image.load("strip.png")
        self.images = (pygame.Surface((24, 24), pygame.SRCALPHA),
                       pygame.Surface((24, 24), pygame.SRCALPHA))
        self.rect = rect
        self.count = 0
        self.images[0].blit(strip, (0, 0),
                            Rect(offset0, 0, 24, 24))
        self.images[1].blit(strip, (0, 0),
                            Rect(offset1, 0, 24, 24))

    def move(self, diff_x, diff_y):
        """ オブジェクトを移動 """
        self.count += 1
        self.rect.move_ip(diff_x, diff_y)

    def draw(self):
        """ オブジェクトを描画 """
        image = self.images[0] if self.count % 2 == 0 \
                else self.images[1]
        SURFACE.blit(image, self.rect.topleft)

class Ship(Drawable):
    """ 自機オブジェクト """
    def __init__(self):
        super().__init__(Rect(300, 550, 24, 24), 192, 192)

class Beam(Drawable):
    """ ビームオブジェクト """
    def __init__(self):
        super().__init__(Rect(300, 0, 24, 24), 0, 24)
```

```python
class Bomb(Drawable):
    """ 爆弾オブジェクト """
    def __init__(self):
        super().__init__(Rect(300, -50, 24, 24), 48, 72)
        self.time = randint(5, 220)


class Alien(Drawable):
    """ エイリアンオブジェクト """
    def __init__(self, rect, offset, score):
        super().__init__(rect, offset, offset+24)
        self.score = score


def main():
    """ メインルーチン """
    sysfont = pygame.font.SysFont(None, 72)
    scorefont = pygame.font.SysFont(None, 36)
    message_clear = sysfont.render("!!CLEARED!!",
        True, (0, 255, 225))
    message_over = sysfont.render("GAME OVER!!",
        True, (0, 255, 225))
    message_rect = message_clear.get_rect()
    message_rect.center = (300, 300)
    game_over = False
    moving_left = True
    moving_down = False
    move_interval = 20
    counter = 0
    score = 0
    aliens = []
    bombs = []
    ship = Ship()
    beam = Beam()
```

```python
# エイリアンの並びを初期化
for ypos in range(4):
    offset = 96 if ypos < 2 else 144
    for xpos in range(10):
        rect = Rect(100+xpos*50, ypos*50 + 50, 24, 24)
        alien = Alien(rect, offset, (4-ypos)*10)
        aliens.append(alien)

# 爆弾を設定
for _ in range(4):
    bombs.append(Bomb())

while True:
    ship_move_x = 0
    for event in pygame.event.get():
        if event.type == QUIT:
            pygame.quit()
            sys.exit()
        elif event.type == KEYDOWN:
            if event.key == K_LEFT:
                ship_move_x = -5
            elif event.key == K_RIGHT:
                ship_move_x = +5
            elif event.key == K_SPACE and beam.rect.bottom < 0:
                beam.rect.center = ship.rect.center

    if not game_over:
        counter += 1
        # 自機を移動
        ship.move(ship_move_x, 0)

        # ビームを移動
        beam.move(0, -15)
```

```python
        # エイリアンを移動
        area = aliens[0].rect.copy()
        for alien in aliens:
            area.union_ip(alien.rect)

        if counter % move_interval == 0:
            move_x = -5 if moving_left else 5
            move_y = 0

            if (area.left < 10 or area.right > 590) and \
                not moving_down:
                moving_left = not moving_left
                move_x, move_y = 0, 24
                move_interval = max(1, move_interval - 2)
                moving_down = True
            else:
                moving_down = False

            for alien in aliens:
                alien.move(move_x, move_y)

        if area.bottom > 550:
            game_over = True

        # 爆弾を移動
        for bomb in bombs:
            if bomb.time < counter and bomb.rect.top < 0:
                enemy = aliens[randint(0, len(aliens) - 1)]
                bomb.rect.center = enemy.rect.center

            if bomb.rect.top > 0:
                bomb.move(0, 10)

            if bomb.rect.top > 600:
```

```python
            bomb.time += randint(50, 250)
            bomb.rect.top = -50

        if bomb.rect.colliderect(ship.rect):
            game_over = True

    # ビームがエイリアンと衝突?
    tmp = []
    for alien in aliens:
        if alien.rect.collidepoint(beam.rect.center):
            beam.rect.top = -50
            score += alien.score
        else:
            tmp.append(alien)
    aliens = tmp
    if len(aliens) == 0:
        game_over = True

    # 描画
    SURFACE.fill((0, 0, 0))
    for alien in aliens:
        alien.draw()
    ship.draw()
    beam.draw()
    for bomb in bombs:
        bomb.draw()

    score_str = str(score).zfill(5)
    score_image = scorefont.render(score_str,
        True, (0, 255, 0))
    SURFACE.blit(score_image, (500, 10))

    if game_over:
        if len(aliens) == 0:
```

```
        SURFACE.blit(message_clear, message_rect.topleft)
    else:
        SURFACE.blit(message_over, message_rect.topleft)


    pygame.display.update()
    FPSCLOCK.tick(20)

if __name__ == '__main__':
    main()
```

8-1　概要

　画面に表示されるのは自機、ビーム、爆弾、エイリアンの4つです。それぞれ全く異なって見えますが、矩形にイメージを描画したり、一定速度で移動したりという共通点があります。

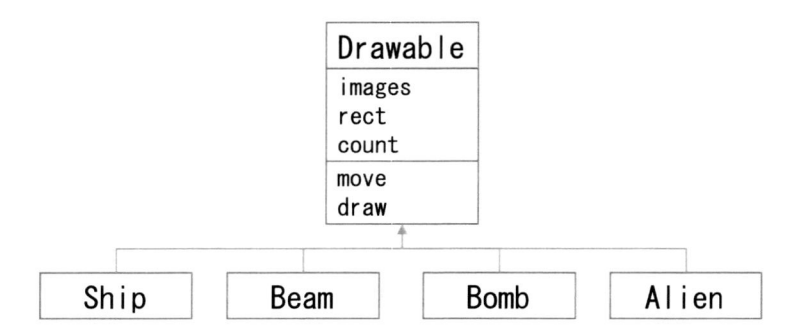

　共通点を整理し、イメージ画像、描画領域などのプロパティや、移動する、描画するといったメソッドを抽出し、Drawableクラスにまとめました。そして、それらを継承した自機Ship、ビームBeam、爆弾Bomb、エイリアンAlienといったクラスを定義しました。

　画像ファイルは以下のように複数のキャラクターを1つにまとめたものを利用しました。自機以外は2枚の画像を切り替えて表示しています。

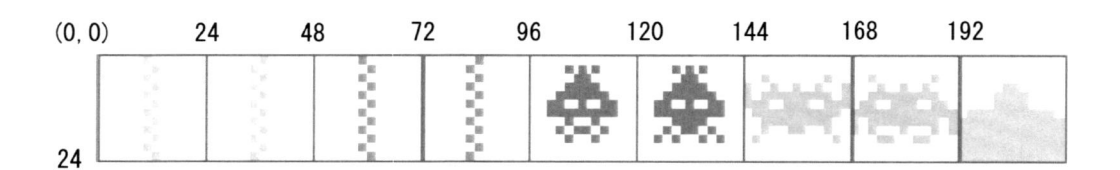

それぞれのクラスにおいてどの画像を使用するか指定しています。

8-2　クラス

Drawableクラス

全ての描画対象で共通となる機能を提供する親クラスです。実際に生成されるオブジェクトはShip、Beam、Bomb、Alienクラスであり、Drawableクラスのオブジェクトではありません。

プロパティ

images	描画する画像の配列
rect	描画する位置と大きさ
count	描画する画像を切り替えるためのカウンタ

メソッド

move	移動する
draw	描画する

```python
def __init__(self, rect, offset0, offset1):
    strip = pygame.image.load("strip.png")
    self.images = (pygame.Surface((24, 24), pygame.SRCALPHA),
                   pygame.Surface((24, 24), pygame.SRCALPHA))
    self.rect = rect
    self.count = 0
    self.images[0].blit(strip, (0, 0), Rect(offset0, 0, 24, 24))
    self.images[1].blit(strip, (0, 0), Rect(offset1, 0, 24, 24))
```

コンストラクタです。rectは初期位置、offset0は1枚目の画像のオフセット値、offset1は2枚目の画像のオフセット値です。まず、pygame.image.load("strip.png")で画像を読み込んでいます。imagesには2枚のイメージを設定しています。それぞれのイメージには「strip.png」から特定の場所をコピーします。その様子を以下の図に示します。

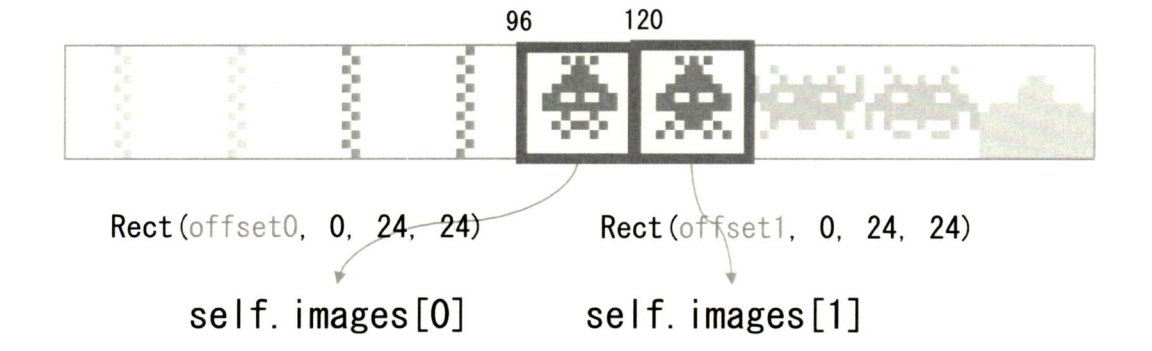

Rect(offset0, 0, 24, 24)　　　Rect(offset1, 0, 24, 24)

self.images[0]　　　self.images[1]

自分の位置はrectで、countは0で初期化します。

```python
def move(self, diff_x, diff_y):
    """ オブジェクトを移動 """
    self.count += 1
    self.rect.move_ip(diff_x, diff_y)
```

Rectクラスのmoveメソッドを呼んでも元の矩形の位置は変化しません。移動後の新しいRectが返されます。一方、move_ipメソッドは自分自身を移動します。戻り値はありません。ipとはin-place（その場所で）という意味です。混乱しやすいので注意してください。

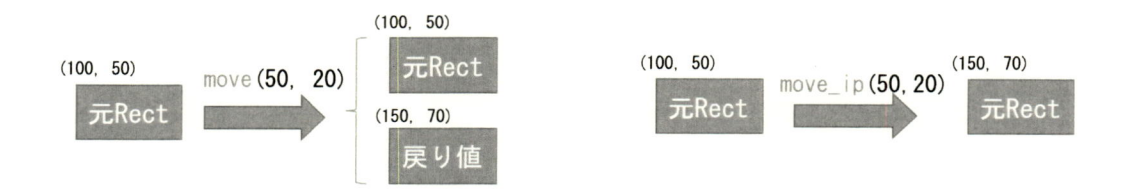

def draw(self):

自分自身を描画します。

```python
def draw(self):
    """ オブジェクトを描画 """
    image = self.images[0] if self.count % 2 == 0 \
        else self.images[1]
    SURFACE.blit(image, self.rect.topleft)
```

countの値が偶数の時はimages[0]を、奇数の時はimages[1]を描画します。

Shipクラス

Drawableを継承しているので、クラス定義がShip(Drawable)となっています。

```
class Ship(Drawable):
    """ 自機オブジェクト """
    def __init__(self):
        super().__init__(Rect(300, 550, 24, 24), 192, 192)
```

super().__init__(…)と親クラスのコンストラクタを明示的に呼び出しています。自機の初期位置は（300, 550）、サイズは（24, 24）としています。自機だけは2枚の画像を切り替える必要がないため、同じオフセット値192を指定しています。

Beamクラス

オフセット位置を0と24とすることで、ビームの画像が切り替わるようにしています。

Bombクラス

オフセット位置を48と72として、爆弾画像が切り替わるようにしています。また、爆弾を投下するタイミングを調整するプロパティtimeを追加し、5から220までの乱数で初期化しています。

Alienクラス

オフセット位置offsetと、エイリアンを倒した時の点数scoreを引数として取得しています。scoreはプロパティとして登録しています。

8-3　関数

main():

メインルーチンです。以下のコードで画面に表示するメッセージを初期化しています。

```
    sysfont = pygame.font.SysFont(None, 72)
    scorefont = pygame.font.SysFont(None, 36)
    message_clear = sysfont.render("!!CLEARED!!",
        True, (0, 255, 225))
```

```
message_over = sysfont.render("GAME OVER!!",
    True, (0, 255, 225))
message_rect = message_clear.get_rect()
message_rect.center = (300, 300)
```

以下はゲームで使用するローカル変数です。

game_over	ゲームオーバーか否か
moving_left	エイリアン全体が左方向へ動いているか否か
moving_down	エイリアン全体が下方向へ動いているか否か
move_interval	エイリアンが移動するまでのフレーム数（間隔）
counter	時刻管理用のカウンタ
score	点数
aliens	エイリアンオブジェクトを格納するリスト
bombs	爆弾オブジェクトを格納するリスト
ship	自機オブジェクト
beam	ビームオブジェクト

以下のコードでは、まずエイリアンの初期位置を設定し、リストaliensに格納しています。

```
# エイリアンの並びを初期化
for ypos in range(4):
    offset = 96 if ypos < 2 else 144
    for xpos in range(10):
        rect = Rect(100+xpos*50, ypos*50 + 50, 24, 24)
        alien = Alien(rect, offset, (4-ypos)*10)
        aliens.append(alien)

# 爆弾を設定
for _ in range(4):
    bombs.append(Bomb())
```

縦方向のループがyposで、横方向のループがxposとなる2重ループです。1つのfor文で画像を切り替えるために1行のif else文を使用しています。

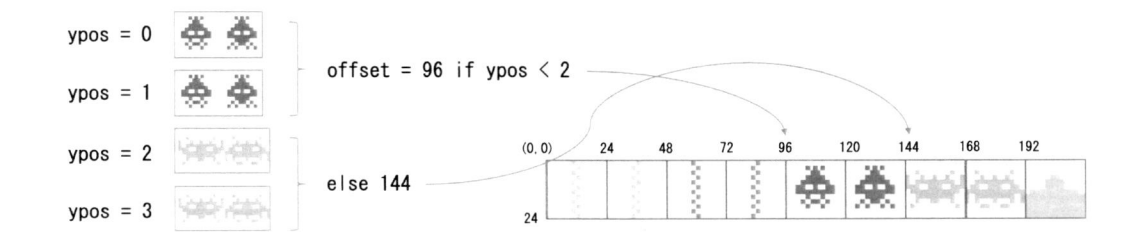

エイリアン作成後に、爆弾を4つ作成して配列bombsに追加しています。次のwhile文以降がメインループです。自機の移動距離ship_move_xを0で初期化し、イベントキューからイベントを取得します。イベントがQUITならゲームを終了します。

```
while True:
    ship_move_x = 0
    for event in pygame.event.get():
        if event.type == QUIT:
            pygame.quit()
            sys.exit()
        elif event.type == KEYDOWN:
            if event.key == K_LEFT:
                ship_move_x = -5
            elif event.key == K_RIGHT:
                ship_move_x = +5
            elif event.key == K_SPACE and beam.rect.bottom < 0:
                beam.rect.center = ship.rect.center
```

左右キーであればそれぞれ自機の移動量を設定し、スペースキーかつビームが発射中でなければ、ビームの位置を自機の位置で初期化します。

以下のコードで、自機、ビームをそれぞれ移動しています。

```
if not game_over:
    counter += 1
    # 自機を移動
    ship.move(ship_move_x, 0)


    # ビームを移動
```

```
        beam.move(0, -15)
```

エイリアンは、団体行動するので少し工夫が必要です。まず、残っているエイリアン全体を含む最小の矩形を求めます。

```
# エイリアンを移動
area = aliens[0].rect.copy()
for alien in aliens:
    area.union_ip(alien.rect)
```

まず、リストの先頭のエイリアンの矩形aliens[0].rectをコピーして変数areaに格納します。union_ipメソッドは引数の矩形を含むようにサイズを変更します。areaに対して全てのエイリアンを呼び出すことで、全てのエイリアンを含む最小の矩形を求めています。

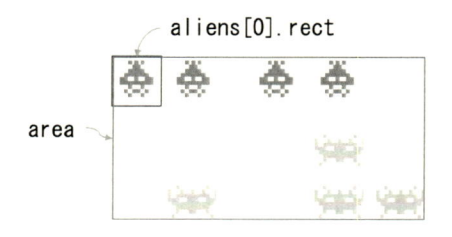

この矩形が求まったら、その矩形が画面の右端に達したら下にずらして左方向へ、左端に達したら下にずらして右方向へ動かす必要があります。

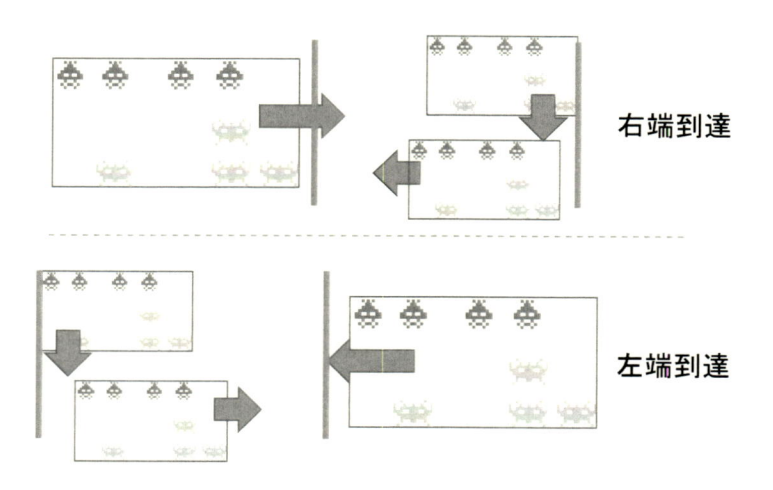

毎フレームエイリアンを動かすと速すぎるので、どれだけのフレーム間隔で移動するかという変数move_intervalを導入しました。counterがこの倍数になった時に移動しています。移動

量は変数move_xとmove_yに設定します。

```python
if counter % move_interval == 0:
    move_x = -5 if moving_left else 5
    move_y = 0

if (area.left < 10 or area.right > 590) and \
    not moving_down:
    moving_left = not moving_left
    move_x, move_y = 0, 24
    move_interval = max(1, move_interval - 2)
    moving_down = True
else:
    moving_down = False

for alien in aliens:
    alien.move(move_x, move_y)
```

　エイリアン集団の矩形が両端に到達した時、すなわちarea.left < 10 or area.right > 590がTrueの時は、moving_left = not moving_leftと左右の移動方向を反転しています。そして下方向への移動量move_x, move_y = 0, 24を設定し、move_intervalの値を減らすことでエイリアンのスピードを上げ、下方向移動フラグmoving_downをTrueに設定しています。move_x, move_yが求まったら、全てのエイリアンにその移動を適用しています。

　エイリアン集団の矩形の下辺が550より大きくなった場合、エイリアンが画面の下まで来たのでゲームオーバーとします。
　以下のコードで爆弾を投下します。

```python
# 爆弾を移動
for bomb in bombs:
    if bomb.time < counter and bomb.rect.top < 0:
        enemy = aliens[randint(0, len(aliens) - 1)]
        bomb.rect.center = enemy.rect.center
```

```
        if bomb.rect.top > 0:
            bomb.move(0, 10)

        if bomb.rect.top > 600:
            bomb.time += randint(50, 250)
            bomb.rect.top = -50

        if bomb.rect.colliderect(ship.rect):
            game_over = True
```

　今回の実装では、待機状態の爆弾は画面の外に配置することにしました。bomb.time <
counterは爆弾投下時刻を過ぎたことを意味します。その際に爆弾が待機状態bomb.rect.top
< 0であれば、投下を開始します。どのエイリアンが投下するかを乱数で選び、そのエイリア
ンの矩形を爆弾の投下開始位置に設定します。

　bomb.rect.top > 0は爆弾が投下中（待機状態でない）を意味します。その際は、爆弾
を下に10移動します。爆弾が画面の下まで到達した時、すなわちbomb.rect.top > 600が
Trueの時は、次の爆弾投下時刻を乱数で決め、爆弾を画面外に配置して待機状態とします。爆
弾が自機と衝突した場合、すなわちbomb.rect.colliderect(ship.rect)がTrueの時は
ゲームオーバーです。

　自機が発射したビームの処理は以下の通りです。

```
        # ビームがエイリアンと衝突?
        tmp = []
        for alien in aliens:
            if alien.rect.collidepoint(beam.rect.center):
                beam.rect.top = -50
                score += alien.score
            else:
                tmp.append(alien)
        aliens = tmp
        if len(aliens) == 0:
            game_over = True
```

ビームがエイリアンと衝突したか、rect.collidepointを使って判定しています。当たっ

た場合は、ビームを画面外に配置して待機状態とし、スコアを加算しています。ビームが衝突したエイリアンを取り除くために、一時的な変数tmpを使っています。リスト内包表記を使うとより簡潔になるかもしれません。最後に、配列aliensの長さが0になったら全てのエイリアンを倒したということで、ゲームオーバーにしています。

メインループの最後は描画処理です。

```python
# 描画
SURFACE.fill((0, 0, 0))
for alien in aliens:
    alien.draw()
ship.draw()
beam.draw()
for bomb in bombs:
    bomb.draw()

score_str = str(score).zfill(5)
score_image = scorefont.render(score_str,
    True, (0, 255, 0))
SURFACE.blit(score_image, (500, 10))

if game_over:
    if len(aliens) == 0:
        SURFACE.blit(message_clear, message_rect.topleft)
    else:
        SURFACE.blit(message_over, message_rect.topleft)
```

背景を黒で塗りつぶし、エイリアン、自機、ビーム、爆弾と描画していきます。そしてスコアを描画し、ゲームオーバー時のメッセージを表示しています。

あとは描画内容を画面に反映させるために、pygame.display.update()を呼び出し、FPSCLOCK.tick(20)でフレームレートの調整を行っています。

ゲームの解説は以上です。今回のゲームではmove_ip、union_ip、collidepoint、colliderectなどのRectのメソッドを活用しました。これらのメソッドを自分で作っていたら、コードはだいぶ長くなっていました。Rectクラスにはこれ以外にも便利なメソッドがたくさんあります。

知っているか否かで作業効率が大きく変わる可能性もあるため、是非一度ドキュメント[1]に目を通すことをお勧めします。

※1　http://www.pygame.org/docs/ref/pygame.html

9. 落ちもの系ゲーム

　落ちもの系ゲームの先駆者的な役割を果たしたのがこのゲームです。左右キーで移動し、スペースキーで回転します。下矢印で落下を速めることができます。

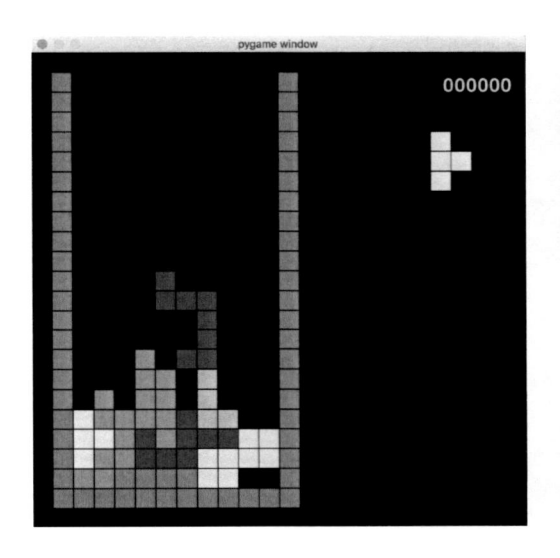

ソースコード（tetris.py）

```python
""" tetris.py - Copyright 2016 Kenichiro Tanaka """
import sys
from math import sqrt
from random import randint
import pygame
from pygame.locals import QUIT, KEYDOWN, \
    K_LEFT, K_RIGHT, K_DOWN, K_SPACE


BLOCK_DATA = (
    (
        (0, 0, 1, \
        1, 1, 1, \
```

```
        0, 0, 0),
    (0, 1, 0, \
     0, 1, 0, \
     0, 1, 1),
    (0, 0, 0, \
     1, 1, 1, \
     1, 0, 0),
    (1, 1, 0, \
     0, 1, 0, \
     0, 1, 0),
), (
    (2, 0, 0, \
     2, 2, 2, \
     0, 0, 0),
    (0, 2, 2, \
     0, 2, 0, \
     0, 2, 0),
    (0, 0, 0, \
     2, 2, 2, \
     0, 0, 2),
    (0, 2, 0, \
     0, 2, 0, \
     2, 2, 0)
), (
    (0, 3, 0, \
     3, 3, 3, \
     0, 0, 0),
    (0, 3, 0, \
     0, 3, 3, \
     0, 3, 0),
    (0, 0, 0, \
     3, 3, 3, \
     0, 3, 0),
    (0, 3, 0, \
```

```
        3, 3, 0, \
        0, 3, 0)
    ), (
        (4, 4, 0, \
        0, 4, 4, \
        0, 0, 0),
        (0, 0, 4, \
        0, 4, 4, \
        0, 4, 0),
        (0, 0, 0, \
        4, 4, 0, \
        0, 4, 4),
        (0, 4, 0, \
        4, 4, 0, \
        4, 0, 0)
    ), (
        (0, 5, 5, \
        5, 5, 0, \
        0, 0, 0),
        (0, 5, 0, \
        0, 5, 5, \
        0, 0, 5),
        (0, 0, 0, \
        0, 5, 5, \
        5, 5, 0),
        (5, 0, 0, \
        5, 5, 0, \
        0, 5, 0)
    ), (
        (6, 6, 6, 6),
        (6, 6, 6, 6),
        (6, 6, 6, 6),
        (6, 6, 6, 6)
    ), (
```

```python
        (0, 7, 0, 0, \
         0, 7, 0, 0, \
         0, 7, 0, 0, \
         0, 7, 0, 0),
        (0, 0, 0, 0, \
         7, 7, 7, 7, \
         0, 0, 0, 0, \
         0, 0, 0, 0),
        (0, 0, 7, 0, \
         0, 0, 7, 0, \
         0, 0, 7, 0, \
         0, 0, 7, 0),
        (0, 0, 0, 0, \
         0, 0, 0, 0, \
         7, 7, 7, 7, \
         0, 0, 0, 0)
    )
)


class Block:
    """ ブロックオブジェクト """
    def __init__(self, count):
        self.turn = randint(0, 3)
        self.type = BLOCK_DATA[randint(0, 6)]
        self.data = self.type[self.turn]
        self.size = int(sqrt(len(self.data)))
        self.xpos = randint(2, 8 - self.size)
        self.ypos = 1 - self.size
        self.fire = count + INTERVAL

    def update(self, count):
        """ ブロックの状態更新 (消去した段の数を返す) """
        # 下に衝突?
        erased = 0
```

```python
        if is_overlapped(self.xpos, self.ypos + 1, self.turn):
            for y_offset in range(BLOCK.size):
                for x_offset in range(BLOCK.size):
                    if 0 <= self.xpos+x_offset < WIDTH and \
                        0 <= self.ypos+y_offset < HEIGHT:
                        val = BLOCK.data[y_offset*BLOCK.size \
                                        + x_offset]
                        if val != 0:
                            FIELD[self.ypos+y_offset]\
                                [self.xpos+x_offset] = val


            erased = erase_line()
            go_next_block(count)


        if self.fire < count:
            self.fire = count + INTERVAL
            self.ypos += 1
        return erased


    def draw(self):
        """ ブロックを描画する """
        for index in range(len(self.data)):
            xpos = index % self.size
            ypos = index // self.size
            val = self.data[index]
            if 0 <= ypos + self.ypos < HEIGHT and \
                0 <= xpos + self.xpos < WIDTH and val != 0:
                x_pos = 25 + (xpos + self.xpos) * 25
                y_pos = 25 + (ypos + self.ypos) * 25
                pygame.draw.rect(SURFACE, COLORS[val],
                                (x_pos, y_pos, 24, 24))


def erase_line():
    """ 行が全て埋まった段を消す """
```

```python
        erased = 0
        ypos = 20
        while ypos >= 0:
            if all(FIELD[ypos]):
                erased += 1
                del FIELD[ypos]
                FIELD.insert(0, [8, 0, 0, 0, 0, 0, 0, 0, 0, 0, 0, 8])
            else:
                ypos -= 1
        return erased


def is_game_over():
    """ ゲームオーバーか否か """
    filled = 0
    for cell in FIELD[0]:
        if cell != 0:
            filled += 1
    return filled > 2    # 2 = 左右の壁


def go_next_block(count):
    """ 次のブロックに切り替える """
    global BLOCK, NEXT_BLOCK
    BLOCK = NEXT_BLOCK if NEXT_BLOCK != None else Block(count)
    NEXT_BLOCK = Block(count)


def is_overlapped(xpos, ypos, turn):
    """ ブロックが壁や他のブロックと衝突するか否か """
    data = BLOCK.type[turn]
    for y_offset in range(BLOCK.size):
        for x_offset in range(BLOCK.size):
            if 0 <= xpos+x_offset < WIDTH and \
               0 <= ypos+y_offset < HEIGHT:
                if data[y_offset*BLOCK.size + x_offset] != 0 and \
                   FIELD[ypos+y_offset][xpos+x_offset] != 0:
```

```python
                    return True
        return False


# グローバル変数
pygame.init()
pygame.key.set_repeat(30, 30)
SURFACE = pygame.display.set_mode([600, 600])
FPSCLOCK = pygame.time.Clock()
WIDTH = 12
HEIGHT = 22
INTERVAL = 40
FIELD = [[0 for _ in range(WIDTH)] for _ in range(HEIGHT)]
COLORS = ((0, 0, 0), (255, 165, 0), (0, 0, 255), (0, 255, 255), \
          (0, 255, 0), (255, 0, 255), (255, 255, 0), (255, 0, 0),
(128, 128, 128))
BLOCK = None
NEXT_BLOCK = None


def main():
    """ メインルーチン """
    global INTERVAL
    count = 0
    score = 0
    game_over = False
    smallfont = pygame.font.SysFont(None, 36)
    largefont = pygame.font.SysFont(None, 72)
    message_over = largefont.render("GAME OVER!!",
        True, (0, 255, 225))
    message_rect = message_over.get_rect()
    message_rect.center = (300, 300)

    go_next_block(INTERVAL)

    for ypos in range(HEIGHT):
```

```python
    for xpos in range(WIDTH):
        FIELD[ypos][xpos] = 8 if xpos == 0 or \
            xpos == WIDTH - 1 else 0
for index in range(WIDTH):
    FIELD[HEIGHT-1][index] = 8

while True:
    key = None
    for event in pygame.event.get():
        if event.type == QUIT:
            pygame.quit()
            sys.exit()
        elif event.type == KEYDOWN:
            key = event.key

    game_over = is_game_over()
    if not game_over:
        count += 5
        if count % 1000 == 0:
            INTERVAL = max(1, INTERVAL - 2)
        erased = BLOCK.update(count)

        if erased > 0:
            score += (2 ** erased) * 100

        # キーイベント処理
        next_x, next_y, next_t = \
            BLOCK.xpos, BLOCK.ypos, BLOCK.turn
        if key == K_SPACE:
            next_t = (next_t + 1) % 4
        elif key == K_RIGHT:
            next_x += 1
        elif key == K_LEFT:
            next_x -= 1
```

```python
        elif key == K_DOWN:
            next_y += 1

    if not is_overlapped(next_x, next_y, next_t):
        BLOCK.xpos = next_x
        BLOCK.ypos = next_y
        BLOCK.turn = next_t
        BLOCK.data = BLOCK.type[BLOCK.turn]


    # 全体&落下中のブロックの描画
    SURFACE.fill((0, 0, 0))
    for ypos in range(HEIGHT):
        for xpos in range(WIDTH):
            val = FIELD[ypos][xpos]
            pygame.draw.rect(SURFACE, COLORS[val],
                    (xpos*25 + 25, ypos*25 + 25, 24, 24))
    BLOCK.draw()


    # 次のブロックの描画
    for ypos in range(NEXT_BLOCK.size):
        for xpos in range(NEXT_BLOCK.size):
            val = NEXT_BLOCK.data[xpos + ypos*NEXT_BLOCK.size]
            pygame.draw.rect(SURFACE, COLORS[val],
                (xpos*25 + 460, ypos*25 + 100, 24, 24))


    # スコアの描画
    score_str = str(score).zfill(6)
    score_image = smallfont.render(score_str,
        True, (0, 255, 0))
    SURFACE.blit(score_image, (500, 30))


    if game_over:
        SURFACE.blit(message_over, message_rect)
```

```
        pygame.display.update()
        FPSCLOCK.tick(15)
if __name__ == '__main__':
    main()
```

9-1 概要

　ソースコードの詳説に入る前に、データ構造や主な変数、アルゴリズムの概要などについて簡単に説明します。

　ソースコードの前半は、ブロックの定義です。ブロックは7種類です。それぞれについて回転したものが4つあります。それらのデータを3次元配列とし、定義しています。個々のセルには色番号が格納されています。

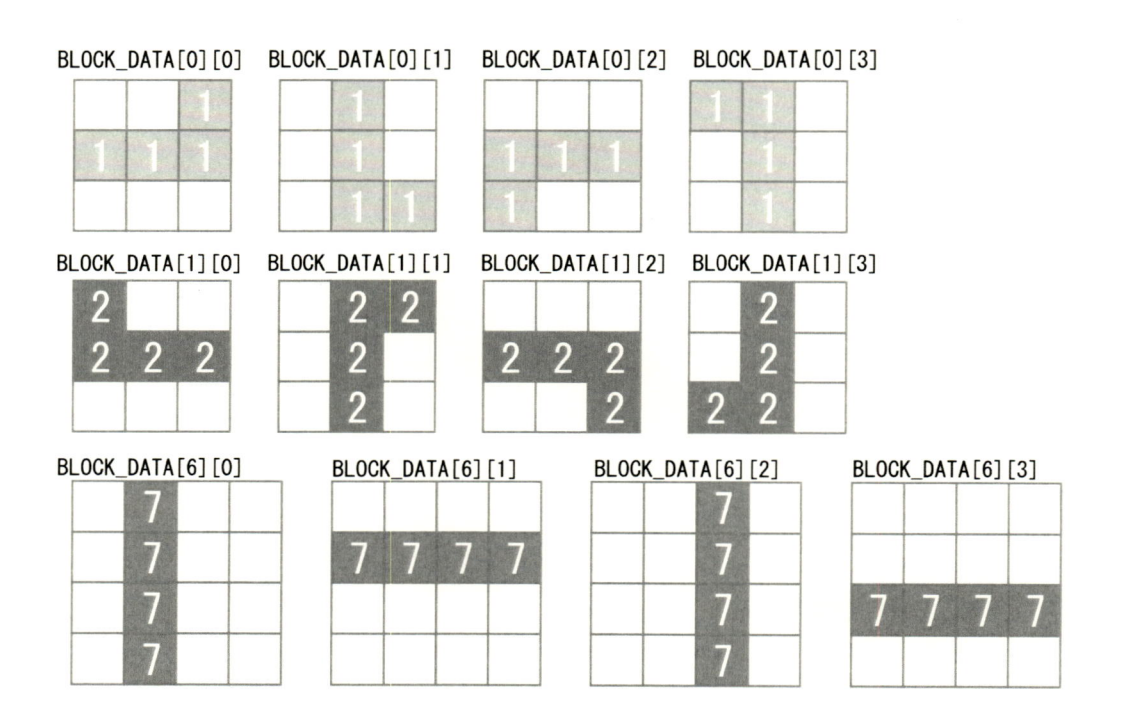

　各セルには以下のようにアクセスします。

　　BLOCK_DATA[ブロックの種類][ブロックの向き][データの番号]

　例えば、上図の左上ブロックは以下のように定義されています。データは縦横の2次元ではなく、1次元の配列になっていることに注意してください。

```
BLOCK_DATA = (
(
    (0, 0, 1, ¥
     1, 1, 1, ¥
     0, 0, 0),
```

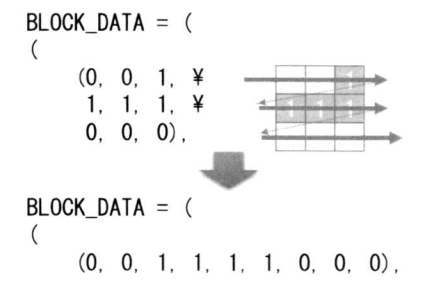

```
BLOCK_DATA = (
(
    (0, 0, 1, 1, 1, 1, 0, 0, 0),
```

このブロックの中央のセルにアクセスする場合は、`BLOCK_DATA[0][0][4]` となります。

このゲームで特に重要なグローバル変数は以下の3つです。

FIELD	壁と積み重なったブロックの状態を保持する2次元データ
BLOCK	現在落下中のブロック
NEXT_BLOCK	次に落下するブロック

ゲームにおける基本的な処理は以下の通りです。

- BLOCKを1マスずつ下に落下させます。
- FIELDを見て、これ以上落下できない時はBLOCKの内容をFIELDにコピーします。
- BLOCKが積み上がって次のブロックに切り替わる時は、NEXT_BLOCKの内容をBLOCK
  にコピーします。

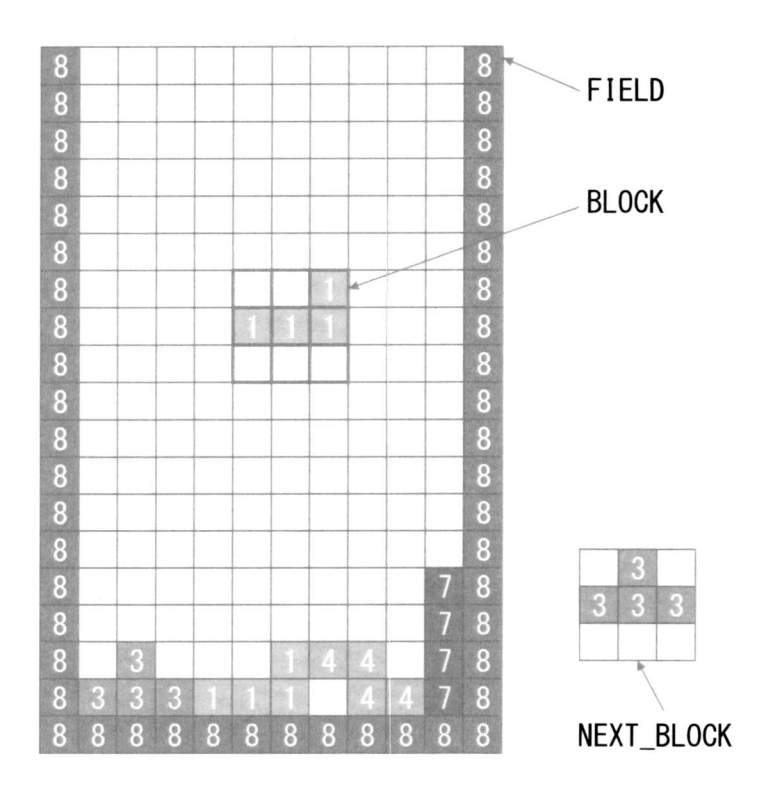

落下できるか否かチェックする時は、ブロックの向きも重要です。以下の図では、BLOCKの位置、FIELDの状態は同じですが、BLOCKの向きが違います。左図では、左端の「2」の下に「5」があるので、これ以上落下できません。つまり、ブロックは積み上がります。一方、右図では、更に落下できます。このように向きが違うと下に行けたり、行けなかったりするので注意が必要です。

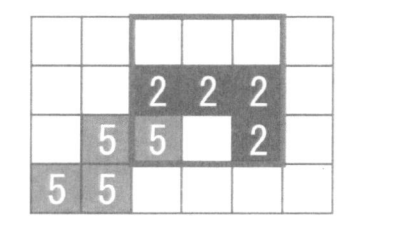 

キーの押下で回転できるか否かの判定も、同じように行います。

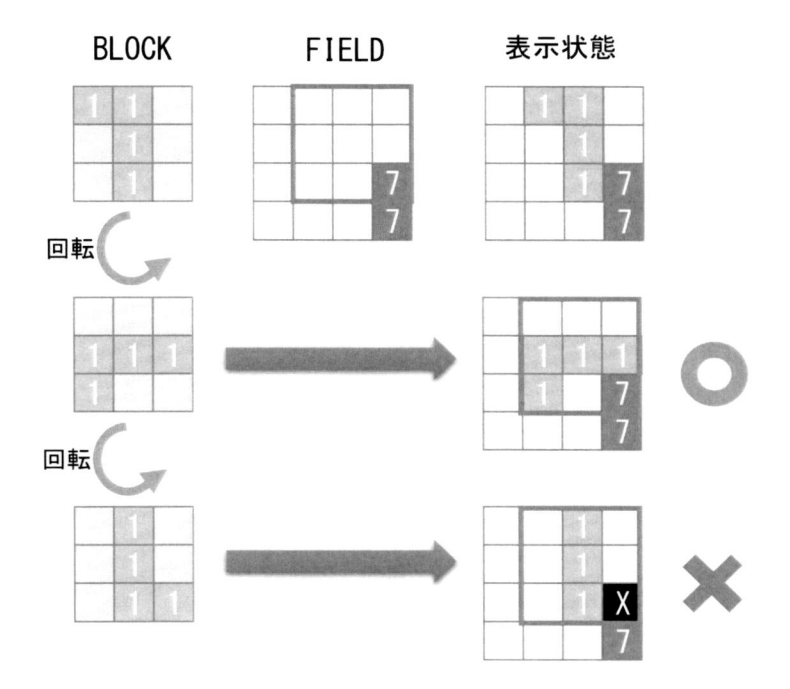

　最初の左回転では、回転後にBLOCKとFIELDが重ならないため、回転可能と判断します。更にもう一度左回転をすると、BLOCKとFIELDが重なるので回転できません。

　積み上がった時は、BLOCKの内容をFIELDにコピーし、消せるラインがあれば行ごと削除し、BLOCKの一番上に新しい空白のラインを追加します。

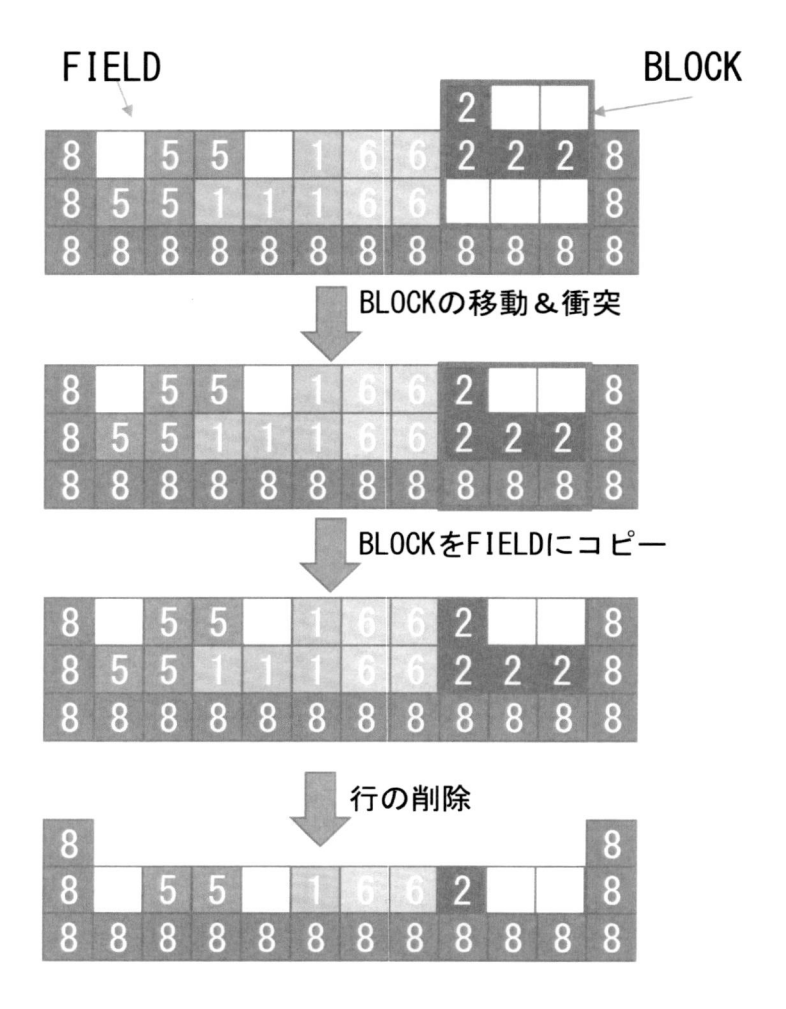

FIELD　　　　　　BLOCK

BLOCKの移動＆衝突

BLOCKをFIELDにコピー

行の削除

　ざっくりとした処理内容は以上です。では、これをコードでどのように表現するか見ていきましょう。

9-2　クラス

　このゲームではBLOCKクラスを使用しています。プロパティとメソッドは以下の通りです。

turn	ブロックの向き（0～3）
type	ブロック（0～6）2次元データ（4方向分）
data	ブロックの1次元データ（現在の向きのみ）
size	ブロックのサイズ
xpos	ブロックのx座標
ypos	ブロックのy座標
fire	落下開始時刻

メソッド

update	ブロックの落下を処理する
draw	ブロックを描画する

　落下中のブロックをイメージしてみてください。ブロックの種類、ブロックの向き、座標といったプロパティが必要だろうという想像はつくと思います。しかし、落下開始時刻やサイズが必要になるとは気づかないでしょう。

　今回の実装でも、必要に応じて適宜プロパティを追加していきました。コードになっているのは最終形態ですが、その途中でいろいろな試行錯誤がありました。最初から完璧なクラスを設計することはできません。あまり気負うことなく、気軽にクラス設計を楽しんでもらえればと思います。

def __init__(self, count):

　コンストラクタです。現在時刻のcountを引数として受け取ります。

```
def __init__(self, count):
    self.turn = randint(0, 3)
    self.type = BLOCK_DATA[randint(0, 6)]
    self.data = self.type[self.turn]
    self.size = int(sqrt(len(self.data)))
    self.xpos = randint(2, 8 - self.size)
    self.ypos = 1 - self.size
    self.fire = count + INTERVAL
```

　各プロパティを初期化しているだけです。向きturnは0～3までの乱数、ブロック種類typeは0～6までの乱数、それらのプロパティを使ってdataにブロックの配列をセットしています。ブロックのサイズ（縦と横は同じ）はデータ数の平方根から計算しています。例えば、データ

の個数が9なら3、16なら4となります。

　X座標は乱数で初期化し、Y座標は1 - self.sizeで初期化します。ブロックは、一定間隔INTERVALで落下してきます。落下開始時刻をfireとして設定します。

def update(self, count):

　ブロックの移動を処理するメソッドです。

```python
    def update(self, count):
        """ ブロックの状態更新 （消去した段の数を返す） """
        # 下に衝突?
        erased = 0
        if is_overlapped(self.xpos, self.ypos + 1, self.turn):
            for y_offset in range(BLOCK.size):
                for x_offset in range(BLOCK.size):
                    if 0 <= self.xpos+x_offset < WIDTH and \
                       0 <= self.ypos+y_offset < HEIGHT:
                        val = BLOCK.data[y_offset*BLOCK.size \
                                        + x_offset]
                        if val != 0:
                            FIELD[self.ypos+y_offset]\
                                [self.xpos+x_offset] = val

            erased = erase_line()
            go_next_block(count)

        if self.fire < count:
            self.fire = count + INTERVAL
            self.ypos += 1
        return erased
```

　is_overlappedは、ブロックが重なるか否かを返す関数です。Y座標を +1 した状態で重なるかチェックします。重なった場合はこれ以上落下できないので、BLOCKのデータ、すなわち自分自身をFIELDにコピーします。

　x_offsetとy_offsetは、BLOCK内での位置を計算するための変数です。FIELDでの場所を求

めるにはBLOCKの座標を加算する必要があります。

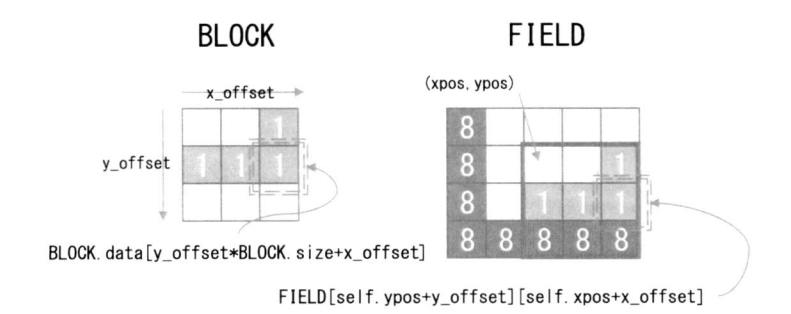

BLOCKのデータは1次元配列なので、x_offsetとy_offsetからインデックスを求めるために y_offset*BLOCK.size+x_offsetという式を使っています。

self.xpos+x_offsetが0からWIDTHの範囲に、self.ypos+y_offsetが0から HEIGHTの範囲に収まっていて、かつ、BLOCKのマスvalが0以外であれば、FIELDにコピー します。erase_line()で行の削除を行います。go_next_block(count)で次のブロック に切り替えます。

countは現在時刻、self.fireは移動時刻です。すなわち、self.fire < countはブロックの 移動時刻を過ぎた時にTrueになります。その際は次の移動時刻をcount + INTERVALに設定 し、yposの値を+1して1段下に移動します。

def draw(self):

ブロックを描画するメソッドです。ブロックのデータは1次元の配列です。for文を使い、0 から配列の長さlen(self.data)までループを繰り返します。

```python
def draw(self):
    """ ブロックを描画する """
    for index in range(len(self.data)):
        xpos = index % self.size
        ypos = index // self.size
        val = self.data[index]
        if 0 <= ypos + self.ypos < HEIGHT and \
            0 <= xpos + self.xpos < WIDTH and val != 0:
            x_pos = 25 + (xpos + self.xpos) * 25
```

```
            y_pos = 25 + (ypos + self.ypos) * 25
            pygame.draw.rect(SURFACE, COLORS[val], (x_pos,
y_pos, 24, 24))
```

描画する領域は、縦と横の2次元です。xposはindexをサイズで割った余りとして求めます。yposはindexをサイズで割った商（整数）として求めています。//演算子を使っていることに注意してください。valはマスのデータ値です。

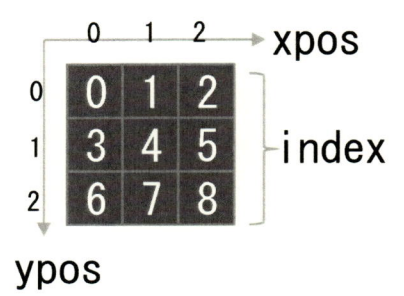

　ypos + self.yposとxpos + self.xposがFIELDの範囲に入り、データが0でない時は、そのマスを描画します。描画する座標は(x_pos, y_pos)を左上とする(24, 24)の領域です。色は、COLORS[val]で求めています。

9-3　関数

def erase_line():
　横方向に全てマスが埋められた行を削除する関数です。

```
def erase_line():
    """ 行が全て埋まった段を消す """
    erased = 0
    ypos = 20
    while ypos >= 0:
        if all(FIELD[ypos]):
            erased += 1
            del FIELD[ypos]
            FIELD.insert(0, [8, 0, 0, 0, 0, 0, 0, 0, 0, 0, 0, 8])
        else:
            ypos -= 1
```

```
    return erased
```

ypos = 20と初期化し、下の行から上方向へ行を調べていきます。while文を使って、ypos が0以上の間ループを繰り返します。

if文ではall()関数を使っています。all()関数は引数の配列の要素が全てTrueならTrueを返します。FIELD[ypos]はypos行目の配列です。その要素が0以外であれば、すなわち、行全部が何らかのブロックで埋まっていればTrueとなります。

if文の条件が成立した時は、消去した行のカウンタerasedを+1し、ypos行目をdel FIELD[ypos]で削除します。削除した分、insertメソッドを使って、一番上の行に[8, 0…0,8]という行を追加しています。8は左右の壁です。all()関数がFalseだった場合は、yposの値を1減らし、1つ上の行を調べます。最後に削除した行数を戻り値として返します。

def is_game_over():

ゲームオーバーになったか判定する関数です。処理内容はシンプルです。

```
def is_game_over():
    """ ゲームオーバーか否か """
    filled = 0
    for cell in FIELD[0]:
        if cell != 0:
            filled += 1
    return filled > 2    # 2 = 左右の壁
```

FIELD[0]は0行目です。for文を使って、一番上の行で0でないマスがいくつあるか数えているだけです。その数が2より大きかったら、ブロックが一番上の行まで積み上がったとしてTrueを返しています。ちなみに2という数字は左右の壁の分です。

def go_next_block(count):

落下中のブロックを次のブロックに切り返す関数です。

```
def go_next_block(count):
    """ 次のブロックに切り替える """
    global BLOCK, NEXT_BLOCK
```

```
BLOCK = NEXT_BLOCK if NEXT_BLOCK != None else Block(count)
NEXT_BLOCK = Block(count)
```

グローバル変数のBLOCKとNEXT_BLOCKを書き換えるのでglobal BLOCK, NEXT_BLOCKと宣言しています。以下の行でBLOCKの値を更新しています。

```
BLOCK = NEXT_BLOCK if NEXT_BLOCK != None else Block(count)
```

NEXT_BLOCK != Noneという条件が成立する場合はNEXT_BLOCKを、そうでない場合はBlock(count)で新しいブロックを作成し、代入します。NEXT_BLOCKは、Block(count)で新しいブロックを代入します。

def is_overlapped(xpos, ypos, turn):

座標xpos, yposで、向きがturnのブロックが壁や他のブロックと衝突するか否かを返す関数です。現在の向きのデータを`BLOCK.type[turn]`で取得します。

衝突判定はBLOCKの縦方向y_offset、横方向x_offsetの2重ループを使います。xpos+x_offsetとypos+y_offsetが範囲内に収まる時、BLOCKのデータとFIELDのデータが共に0でない時は、衝突したとしてTrueを返します。ブロックのupdateの時のループと似ているので、ループの意味がよくわからなくなったらupdateの解説を見直してください。

9-4　グローバル変数

使用しているグローバル変数は以下の通りです。

WIDTH	FIELDの幅
HEIGHT	FIELDの高さ
INTERVAL	何フレームでブロックが落下するかという間隔
FIELD	積み重なったブロックの状態を保持する2次元配列
COLORS	色の配列（タプル）
BLOCK	落下中のブロックオブジェクト
NEXT_BLOCK	次に落下するブロックオブジェクト

これ以外に、画面に描画するSURFACEとフレームレートを調整するFPSCLOCKを使っています。

main()

メイン関数の内部では落下速度を管理するグローバル変数INTERVALを変更するので、global INTERVALと宣言しています。countは時間を管理するカウンタ、scoreは得点、game_overはゲームオーバーか否かのフラグです。

以下のコードでメッセージ関連の初期化を行っています。

```
smallfont = pygame.font.SysFont(None, 36)
largefont = pygame.font.SysFont(None, 72)
message_over = largefont.render("GAME OVER!!",
    True, (0, 255, 225))
message_rect = message_over.get_rect()
message_rect.center = (300, 300)
```

go_next_block(INTERVAL)で次に落下するブロックを初期化しています。それに続く、以下のコードで2次元配列を初期化しています。最初の2重ループで左右の壁を8、空白部分を0で埋め、次のfor文で底の壁を8に設定しています。

```
for ypos in range(HEIGHT):
    for xpos in range(WIDTH):
        FIELD[ypos][xpos] = 8 if xpos == 0 or \
            xpos == WIDTH - 1 else 0
for index in range(WIDTH):
    FIELD[HEIGHT-1][index] = 8
```

while True:からがメインループです。イベントキューからイベントを取り出し、QUITの時はゲームを終了します。KEYDOWNであれば、そのキーを変数keyに代入します。

```
while True:
    key = None
    for event in pygame.event.get():
        if event.type == QUIT:
            pygame.quit()
            sys.exit()
        elif event.type == KEYDOWN:
            key = event.key
```

ゲームオーバーにならない間、以下の処理を実行します。

```python
game_over = is_game_over()
if not game_over:
    count += 5
    if count % 1000 == 0:
        INTERVAL = max(1, INTERVAL - 2)
    erased = BLOCK.update(count)

    if erased > 0:
        score += (2 ** erased) * 100
```

カウンタを5ずつ増やします。5という値は、ゲームを実行して適当に調整した値です。変更するとどんな変化が起きるか確認してください。カウンタが1000の倍数になった時、すなわち1000で割った余りが0の時は、INTERVALを2減らします。1より小さくならないようmaxを使っています。BLOCK.update(count)でブロックを移動します。消去した行数が返されます。

消去した行数を元にスコアを加算します。スコアの計算で(2 ** erased)という式を使っていますが、**はベキ乗という演算子です。今回はこの演算子を使って、消去した行数のべき乗を求めています。1行消したら2の1乗で2、2行消したら2の2乗で4、3行消したら2の3乗で8という具合に、一度に消した行数が多いほど加点されるようにしています。

以下はキーイベント処理です。現在のX座標、Y座標、向きをnext_x, next_y, next_tに代入しています。押下されたキーに応じて、それぞれの変数の値を更新しています。

```python
# キーイベント処理
next_x, next_y, next_t = \
    BLOCK.xpos, BLOCK.ypos, BLOCK.turn
if key == K_SPACE:
    next_t = (next_t + 1) % 4
elif key == K_RIGHT:
    next_x += 1
elif key == K_LEFT:
    next_x -= 1
```

```
        elif key == K_DOWN:
            next_y += 1

        if not is_overlapped(next_x, next_y, next_t):
            BLOCK.xpos = next_x
            BLOCK.ypos = next_y
            BLOCK.turn = next_t
            BLOCK.data = BLOCK.type[BLOCK.turn]
```

　not is_overlapped(next_x, next_y, next_t) がTrueの場合、すなわちキー操作した結果が重なっていない場合は、そのキー操作を有効として、BLOCKのxpos、ypos、turn、dataプロパティを更新しています。

　あとは画面の描画です。全体を黒で塗りつぶし、FIELDの値、落下中のブロック、次のブロック、スコア、ゲームオーバー時のメッセージと順番に描画していきます。

```
    # 全体＆落下中のブロックの描画
    SURFACE.fill((0, 0, 0))
    for ypos in range(HEIGHT):
        for xpos in range(WIDTH):
            val = FIELD[ypos][xpos]
            pygame.draw.rect(SURFACE, COLORS[val],
                        (xpos*25 + 25, ypos*25 + 25, 24, 24))
    BLOCK.draw()

    # 次のブロックの描画
    for ypos in range(NEXT_BLOCK.size):
        for xpos in range(NEXT_BLOCK.size):
            val = NEXT_BLOCK.data[xpos + ypos*NEXT_BLOCK.size]
            pygame.draw.rect(SURFACE, COLORS[val],
                    (xpos*25+460, ypos*25+100, 24, 24))

    # スコアの描画
    score_str = str(score).zfill(6)
```

```
    score_image = smallfont.render(score_str,
        True, (0, 255, 0))
    SURFACE.blit(score_image, (500, 30))

    if game_over:
        SURFACE.blit(message_over, message_rect)
```

　最後に`pygame.display.update()`で描画内容を画面に反映し、`FPSCLOCK.tick(15)`でフレームレートを調整しています。

　説明は以上です。掲載した中では一番長いゲームだったので、大変だったかもしれません[2]。

※2　500バイト強（本書の16分の1のサイズ）で同種のゲームを作った猛者がいるそうです。言語が違うので単純比較はできませんが、凄い人がいるものだと驚嘆しました。

　ここまで読んできた人であれば、いろいろなゲームに共通するパターンがあったことに気づいたと思います。一旦パターンを体得すれば、他のゲームにも応用できます。ポケットもそれなりに増えたはずです。ぜひ、自分のオリジナルゲームを作成してみてください。苦労することも多いかもしれませんが、その過程こそがプログラミングなのです。ぜひその過程を楽しんでください。

あとがき

　本屋さんの棚割りをみると最近のトレンドがわかります。機械学習やAIでPythonがよく使われていることも一因だとは思いますが、Pythonの占める割合は確実に増加しています。気になったので何冊か購入して読んでみました。

　書籍を読むと知識を得ることができます。しかし、使わないと忘れてしまいがちです。スキルとして定着させるためには、なにかしらコードを書いてみることが一番です。ちょうどその頃『JavaScriptゲームプログラミング – 知っておきたい数学と物理の基本』という書籍用のサンプルを作っていたので、試しにPythonに移植してみることにしました。

　もとのJavaScriptのコードもそれなりに短く書けた自負があったのですが、Pythonにすると更に短くなることに驚きを禁じえませんでした。「こんな処理を記述したいな」と思うと、まさに自分の意図を見透かしていたような関数や記法が用意されているのです。全てのサンプルを移植するころにはすっかりPythonのファンになっていました。

　本書は、自分がPythonでコードを書いたときに調べたこと・躓いたことを整理してまとめたものです。言語仕様を網羅するというよりは、実際にゲームを作ってみるというプロセスを通してPythonに慣れていただくことを目指しました。先述したように、知識をスキルとして定着させるには、自分で何かを書いてみるのが一番です。ぜひ、本書のサンプルを修正してみたり、自分で新しいゲームを作ってみたりしてください。読んだとき以上に得るものがあるはずです。本書がそんなきっかけになればこれ以上の喜びはありません。

　最後にこの場を借りて御礼を申し上げます。技術的な視点はもちろん、ソースコードの中身まで丁寧に査読をして下さった大津真様、自分の拙い原稿の体裁を整えてくださった江藤玲子様、このような出版の機会を与えてくださった桜井様、本当にどうもありがとうございました。

　長年開発に携わってきましたが、セカンドキャリアではプログラミング教育に携わっていくことにしました。プログラミング教室設立の準備と書籍の執筆が重なり家族にもいろいろと負担をかけました。文句ひとつ言うことなく応援してくれた家族には深く感謝しています。どうもありがとうございました。

2017年　初春　著者

著者紹介

田中 賢一郎 (たなか けんいちろう)

1994年慶應義塾大学理工学部修了。キヤノン株式会社に入社し、デジタル放送局の起ち上げに従事。その間に単独でデータ放送ブラウザを実装し、マイクロソフト(U.S.)へソースライセンスする。Media Center TVチームの開発者としてマイクロソフトへ。マイクロソフトではWindows、Xbox、Office 365などの開発・マネージ・サポートに携わる。2016年に中小企業診断士登録後、セカンドキャリアはIT教育に携わると決め、IT系の専門学校で1年間現場経験を積んだ後、2017年春にFuture Codersを設立。趣味はジャズピアノ演奏。
著書は、『ゲームで学ぶJavaScript入門 HTML5&CSSも身につく！』(2016年インプレス刊)、『ゲームを作りながら楽しく学べるHTML5+CSS+JavaScriptプログラミング 改訂版』(2017年インプレスR&D刊) など多数。

◎本書スタッフ
アートディレクター/装丁：岡田 章志＋GY
協力：大津 真
編集：江藤 玲子
デジタル編集：栗原 翔

Future Codersシリーズについて：
Future Coders (http://future-coders.net)は、本書の著者田中賢一郎氏が設立した「プログラミング教育を通して一人ひとりの可能性をひろげる」という理念のもと、英語と数学に重点をおいたプログラミングスクールです。楽しいだけで終わらない実践的な教育を目指しています。
Future Codersシリーズは、「Future Coders」の教育内容に沿ったプログラミング解説の書籍シリーズです。

●本書の内容についてのお問い合わせ先
株式会社インプレスR&D　メール窓口
np-info@impress.co.jp
件名に「『本書名』問い合わせ係」と明記してお送りください。
電話やFAX、郵便でのご質問にはお答えできません。返信までには、しばらくお時間をいただく場合があります。なお、本書の範囲を超えるご質問にはお答えしかねますので、あらかじめご了承ください。
また、本書の内容についてはNextPublishingオフィシャルWebサイトにて情報を公開しております。
http://nextpublishing.jp/

●落丁・乱丁本はお手数ですが、インプレスカスタマーセンターまでお送りください。送料弊社負担に てお取り替えさせていただきます。但し、古書店で購入されたものについてはお取り替えできません。
■読者の窓口
インプレスカスタマーセンター
〒 101-0051
東京都千代田区神田神保町一丁目 105番地
TEL 03-6837-5016／FAX 03-6837-5023
info@impress.co.jp
■書店／販売店のご注文窓口
株式会社インプレス受注センター
TEL 048-449-8040／FAX 048-449-8041

Future Coders

ゲームを作りながら楽しく学べるPython プログラミング

2017年3月24日 初版発行Ver.1.0（PDF版）

著　者　田中 賢一郎
編集人　桜井 徹
発行人　井芹 昌信
発　行　株式会社インプレスR&D
　　　　〒101-0051
　　　　東京都千代田区神田神保町一丁目105番地
　　　　http://nextpublishing.jp/
発　売　株式会社インプレス
　　　　〒101-0051　東京都千代田区神田神保町一丁目105番地

印刷・製本　京葉流通倉庫株式会社
Printed in Japan

ISBN978-4-8443-9753-3

NextPublishing®

●本書はNextPublishingメソッドによって発行されています。
NextPublishingメソッドは株式会社インプレスR&Dが開発した、電子書籍と印刷書籍を同時発行できるデジタルファースト型の新出版方式です。http://nextpublishing.jp/